越是「膽小」越會騎／根本 健

目錄

第十六章　在 DAYTONA 認識了許多就算年齡增長也不放棄騎乘樂趣的朋友

（越老越愛騎，但是不能缺少長久騎車必須的覺悟）

筆者簡歷

○ 1948 年生
出生地 · 東京
慶應義塾大學肄業
16 歲開始
騎乘摩托車
18 歲參戰公路賽
○ 1968 年
加入 KAWASAKI 的
衛星車隊
參戰全日本 Junior
250cc 的比賽
○ 1970 年 Junior
250cc 級別年度亞軍
○ 1972 年
與京都出生的糟野雅治
組成私人參戰隊伍
○ 1973 年
Senior750 級別
年度冠軍
日本史上第一位
私人參戰
獲得冠軍的車手
○ 1975 ～ 1978 年
第一位私人參戰
WGP 的日本車手
○ 1978 年春天
《RIDERS CLUB》創刊
WGP 退役後
12 月開始就任總編
一邊試乘
世界各地的新舊車款
一邊參加
鈴鹿八小時耐久賽
利曼 24 小時耐久賽
全日本選手權和 Moto
Renaissance 等
業餘賽事
○ 2001 ～ 2015 年
以 Moto Guzzi V7
（1972 年款 750cc）
連續 15 年參加
美國 DAYTONA AHRMA 古董車大賽
○現在則一邊體驗休旅樂趣
一邊在雜誌的
騎乘講座企劃中活躍著

第一章　最近終於可以毫無不安地操駕了

（身為膽小鬼最後所追尋到的境界）

到了50歲後半，才進入可以不用疑神疑鬼、並覺得大致能隨心所欲地操駕摩托車的境界。

「怎麼可能會有這種事，明明是那麼有自信的操控方式，而且就算是第一次騎乘的摩托車也能馬上高速行駛，這一定是長年累積經驗的專家在自謙時所講說的話。我才不相信呢⋯」一定會有人這樣想吧。

但這是毫無虛假的真實想法，就算到了現在我都不覺得自己已經上手了。只是因為喜歡摩托車，持續關注、鑽研這個興趣所帶來的結果，讓自己在騎乘時比較不會因為無法預測未來而感到不安，頂多就是到了這種境界而已。

不需要注意這個、留意那個，騎乘時可以利用自己學過的技巧來隨機應變，這在我20或是40歲的時候都還無法想像可以這樣操駕，所以現在更覺得騎摩托車有趣到不行。

我本來就不是一個擅長運動的人，頂多在國中的時候有加入學校的游泳社，一點也不覺得自己有成為車手的資質。

只是從小的時候就容易專注在一件事上面，自小學起我就容易一頭栽進喜好的興趣裡，從原本單純的鐵道迷，變成迷上製作火車模型。

然後開始製作不輸給大人的自製改裝模型，也承接了可以牽引 100 台車廂的蒸汽火車模型訂單。

同時也迷上了飛機，為了國中時期的暑假研究課題，我還自製了流體力學的實驗道具，畫了許多不同的機翼斷面做實驗，沉浸在大人的世界中。

可以到羽田機場搭報社的輕型飛機、或是去美軍基地觀賞戰鬥機的起降，都是靠著賣火車模型的錢所購買的變速腳踏車。

到了高中時代，考量到去機場的機動力，我考取了摩托車駕照，並且開始騎 75 cc的 YAMAHA YG-1。其實一開始也沒覺得有什麼特別，但沒想到就此和摩托車結下一生的不解之緣，這是當初始料未及的事情。

當開始騎車之後，行動半徑突然變寬廣這件事令我非常感動，再加上飛機的夢想正被成人社會所嫌棄排擠，正身處於叛逆年紀的我就帶著一點逃避現實的意味，總之就是一直騎車到處跑。

16 歲第一次騎乘摩托車的時候，除了破風而行的舒暢感令人爽快之外，其實內心總是有著止不住的恐懼感。因為火車鐵軌而打滑摔倒的慘劇不勝枚舉，根本不覺得操駕摩托車是件有趣的事情。

這就和各位開始騎摩托車時完全一樣。因為我很膽小的關係，只要一點風吹草動就會讓我緊張兮兮，害怕的情形說不定比各位還嚴重。

但就算這樣講，各位可能也不會相信，那麼就再稍微舉點例子來說明我究竟有多膽小。

我曾經和附近同樣是高一的朋友們一同出遊，那時大家都有著初生之犢不畏虎的膽識在道路上恣意飆車，但就我一個人連煞車的自信心都沒有。

所以如果不是在周圍一台車都沒有、而且看不到紅綠燈的直線道路上，我絕對不敢加速行駛，朋友們於市區行駛時都會在車縫間左右蛇行超車前進，這點我也做不到。

如果是一起去跑山的話，因為都是看不到出口的盲彎，我只敢用隨時可以煞停的速度行駛，就算和朋友一起出發，只要到了第二個彎道後，視野中就看不到任何一個人了。好不容易到了大家休息的地方後，他們就會說：「好了，根本到了，我們出發吧。」所以總是沒辦法休息。因為每次都這樣的關係，漸漸地我就不想和朋友一同騎車了，反而是一個人踏上旅途、前往未知地點毫無目的的漫遊的次數變多了。

多虧這點也才了解到摩托車旅遊的醍醐味，但這事和本書的主題不合，下次有機會再說。

有一天，朋友約我去參加在賽車場舉辦的活動，那時看到為了參戰 WGP 所開發出的廠車正在賽道上奔馳的英姿。

當時正是日本車廠開始稱霸 WGP 的時代，在讀摩托車相關雜誌時看著 GP 廠車照片，有著和市售車宛如不同世界存在的精密結構就已經讓我倒抽一口氣了，而實車就在我眼前奔馳，並且用著連耳膜都會震動的排氣音浪在賽道上咆嘯，馬上就擄獲了我的心。

也因為這樣的關係，我在附近一間聚集許多憧憬比賽的年輕人的車行加入了車隊，大家一起出錢合買了一台叫做 YAMAHA TD1C 的 250 cc市售比賽用車款，也請他們要到賽道行駛的時候帶我一起去。

身為超級膽小鬼的我雖然已經有心理準備了，但沒想到等著我的卻是連身體都彷彿凍結住的恐懼感。

才剛騎出 PIT 區，第一次進入賽道內的我就在一個大彎道中突然被一股橫風直擊。

一瞬間不知道發生什麼事，我被嚇到心臟都要休克了，結果是外側有一台高速行駛的摩托車閃身超車而過，我才知道原來那是行駛時的風壓，速度快到沒幾秒間就消失在我的視線裡。

那個騎士真的不要命了，這種事情我完全辦不到嘛，因為衝擊的關係，我已經放棄思考，只想趕快下車，連最後一個彎道都沒進去，直接前往 PIT 區，就算已經停在朋友前面了，兩隻腿還是一直顫抖，連馬上跳下車都做不到。

這樣的我只因為「喜歡」的關係而不放棄地持續在賽道上比賽，竟然還變成全日本的冠軍、經歷了WGP的挑戰、創立和摩托車相關的雜誌、騎乘各式各樣的車款、現在還繼續騎乘旅遊和玩票性質地參加比賽的過了半個世紀。

這當中和各種「恐懼感」打過交道，不用我說大家也能想到會有著不安、猶豫還有數不清的失敗經驗。

像我這樣稀世的膽小鬼，「到底是怎麼成功克服『恐懼』」、「該怎麼做才能得到勇氣」，如果對於本書有這種期望的讀者，我只能先說抱歉了，接下來的內容都是些和克服「恐懼」等奇蹟劇情無關的故事。

就某種層面而言，恐懼這種情緒其實是自我防衛本能正常運作的證據，假設真的把恐懼感完全消除的話，那最重要的警戒心也會隨之消失，這樣一來有幾條命都不夠用吧。

當然，我也曾經想過若是可以消除恐懼感該有多好，或是有一天可能會習慣恐懼，但就算如此期待著也不可能真的去除掉人類的本能，結果開始陷入自己也許不適合騎摩托車的絕望裡。

不過因為「喜歡」的心情沒有消失的關係，總算在慢慢堅持的過程中發現不會害怕的騎乘方式，以及騎乘時不會感到恐懼的摩托車調校設定，但是我對此並沒有確信 100％正確，而是因為自己實在太遜了，只能用著自己的方式來操駕。

但是後來在全日本的比賽中意外地可以派上用場，到了 WGP 的世界也發現所有人都在追求更容易操駕的方式。先不管是不是因為恐懼的關係，但是方法和理論可以說是殊途同歸。

接下來當摩托車的進化邁入改革期，各家車廠都開始重視易於操控的特性，更讓我覺得多了份認同感。

但就算搭上了這個風潮，自己還是只要感到恐懼就無法順利駕馭摩托車。

然後從 70 年代開始，經過了 80、90 年代，不管是超跑或是 GP 廠車都在追求易於操駕以及讓人類的感性更容易熟悉的特性，隨著每年的進化，速度也慢慢提升。

但是就算變得更容易操駕，摩托車原本就有的風險也不可能消失，即使有了最新的電腦和安全機能，如果沒有配合不會恐懼的駕馭方式，安全和樂趣也還是會大打折扣。

這點和我剛開始騎車的時候相比並沒有改變。用著可以安心的引擎轉速域攻略彎道比較會有樂趣，方式上也能有更多進化的可能性。雖然說高性能可以帶來刺激的興奮感，但各位也知道如果沒有慎選環境的話，這樣的行為和自殺並無二異。

明明知道這點，但是在旅遊騎乘的時候，高性能的摩托車還是可能會讓人感到恐懼。但是會這樣想的人大多是用著我不使用的高轉速域在行駛的關係。

藉著月刊雜誌《RIDERS CULB》的企劃，增加了許多面對面指導讀者的操駕方式，了解到現代人的實際狀況，更讓我強烈地想要和各位分享我怎麼突破這個難關的實際經驗。

因此我就整理了許多自己的親身經驗。慢慢減少在各種狀況下的「不安」，所以本書和一般傳授騎乘技巧的方式不同。為什麼選擇這種呈現方式呢？因為我覺得連過程一起寫出來，說不定反而會更容易了解，我一邊抱持這個想法一邊寫下這本書。

這是一本關於膽小鬼的故事，一定會有許多各位已經心裡有數的情況出現，如果大家可以從中間找到解決方法，就算只有一點點也好，可以成為騎乘摩托車時更有樂趣的提示就太好了。

YAMAHA YG-1

第一台買的摩托車，75 cc單缸引擎，最高馬力為 6.5ps/7000rpm。後座座墊連在一起的 OP 仕樣

HONDA BENLY CB125

因為憧憬著 HONDA 在 WGP 的超高轉速引擎車款，所以買了這台當時的仿賽車

YAMAHA YM1

有著當時的大型超跑重機中最大的排氣量 305 cc，沒有選擇當時的對手 HONDA，變成了 YAMAHA 派

第二章 線索就在柔軟的懸吊設定上

（打開通往安心操駕的大門）

第一次的比賽車和賽道操駕經驗明明被嚇了一跳，但是沒多久後又一邊看著雜誌上的WGP廠車照片一邊嘆息地度過每一天……

後來我自己得出一個結論，那就是騎小排氣量車款的話就不會覺得恐怖了，WGP的小排氣量車款也有14段變速等極為細膩的科技，需要纖細操控的車款應該比較適合自己，所以將原本騎的YAMAHA YM1（305 cc）賣掉，換成*BRIDGESTONE的50 cc跑車，加裝賽道用裝備後變成比賽用車。

「BRIDGESTONE有出摩托車？」應該有不少人腦海中滑過這個想法吧，身為輪胎大廠的BRIDGESTONE當時也算是一家摩托車廠，而且還推出許多有著嶄新科技的運動型車款，之後甚至以50 cc水冷雙缸14段變速箱的廠車挑戰WGP，但是才過了一年WGP就開始規範汽缸數和變速段數，失去優勢後就放棄製造摩托車了。

先不管這些，總之我照著說明書土法煉鋼組合好後第一次參加比賽，但是在集車場不管怎麼推車發動，引擎就是無法成功點火，本來是值得紀念的初登場卻連起跑都沒辦法就退賽了。原因出在結構中有一個叫做旋轉閥的圓盤，是可以提升二行程引擎的進氣性能的劃時代產品，我竟然犯了低級錯誤，沒注意到它裝反了。隊伍裡面如果沒有專業知識的技師存在，就會發生這種不知該怎麼辦的窘境，因此藉著比賽聯盟的介紹，到了KAWASAKI的經銷商車隊。

多虧了有比賽經驗的工作人員，下一場比賽就突然竄升到第二名，畢竟有騎過305 CC大型重機的經驗，50 CC還真的是游刃有餘，富士Speedway國際賽車場的大彎道中速度不會太快，所以也不需要用著會讓人感到害怕的壓車傾角過彎，根本談不上有什麼特別的操駕技巧。再加上團隊中有許多擅長設定引擎的人在，摩托車有著壓倒性的速度，讓我跑進了領先集團中，就是這麼簡單的一回事。雖然被其他人説「你還蠻有SENSE的嘛。」一是還蠻愉快的沒錯，但我自己也清楚明白不過是在初學者級別中的一點小運氣罷了，在這漸入佳境的情況下，當時也沒想到又要再陷入與恐懼惡戰苦鬥的窘境裡。

對了，當時的305 CC運動型車款可以説是現在的公升級車款，250 CC就相當是現在的750 cc的等級，雖然也有模仿500 cc和600 cc英國車所製造的大排氣量重機，但是不管哪一台都不是以大傾角壓車過彎為前提設計的，沒辦法拿來比賽。

舉例來說，如果各位都騎慣了大型重機，就算沒有進入賽道行駛，換騎迷你摩托車時也可以毫不恐懼地操駕，我在當時大概就是這種狀況。

但是隊伍的人卻誤認為我還算蠻有天份，就自顧自地說：「如果要以職業為目標的話，那麼推薦你進入KAWASAKI的隊伍吧（和車廠簽約，用他們為了比賽開發出的摩托車來參賽）」，我就在一句「請務必推薦我」都沒拜託過的情況下，進入了安良岡健先生所率領的隊伍中，騎著稱作為KAWASAKI A1R的250 cc廠車進行比賽。

不過騎著像50 cc這種速度不會快到讓人感到恐懼的車款來熟悉賽道，就結果來說也不是件壞事，因為必須要完整運用引擎性能、不保留的努力駕馭，獲得了以往在騎不習慣的大型重機上無法得到的操控實感，自己也覺得慢慢架構出一點自信。

那麼該如何解決感到「恐懼」的問題呢？接下來就要進入正題了。以現在來說我等同於進入了 KAWASAKI 的衛星車隊，當車廠包下整個賽道的時候我也可以一起在裡面練習，雖說進入了當時最好的環境是很好，但是全日本所有頂尖的前輩們無時無刻都很認真地攻略彎道，而我光是分清楚自己是緊張還是害怕就已經分身乏術了，明明彼此間的速度也沒差太多，但是一直有人從左邊或右邊超車，然後消失在彎道的遠處。

在這當中，老大說測試中的廠車一定要換上他從技師那邊拜託來的義大利 Ceriani 製後避震器。

照他說「不這樣做的話就沒辦法在 30 度壓車傾角下油門全開進彎」，富士 Speedway 國際賽車場的第一個彎道有著像美國 Indianapolis 和 Daytona 賽道一樣的斜坡，直線進彎後的段差和進入斜坡區域的交界處的地面相當不平整，車身會劇烈搖晃、彈跳到不知道摩托車會往哪裡去。

所以只能用著進彎前的一瞬間關閉油門，進彎後再轉開油門來確保行進路線的攻略方式，但換上新的後避震器後就可以全開進彎？讓我好想知道到底差在哪裡。

但我又沒有錢買這種高價的義大利製避震器，甚至我連去哪買都不知道……

我絞盡腦汁後想到一個方法，那就是將當時可以將125 cc的YAMAHA YA6改裝成越野比賽用車的原廠套件中配有的後避震器也許可以拿來使用。因為越野比賽用的避震器為了吸收強烈的衝擊，阻尼的緩衝力都會比較強，就算沒有義大利產品那樣高的水準，至少也能將衝擊吸收到讓車身不至於彈跳吧。

再加上當時的越野車款還沒考量到增加越野地形的行駛能力，所以避震器的行程還沒有拉長，後避震的全長和一般道路用車款一樣，可以直接安裝到250 cc的A1R上面。

結果有著出類拔萃的效果，可以油門全開地進入斜坡區域，輪胎在過彎時彷彿黏在地面一樣穩定，恐懼馬上就消失了一半，因為可以安心的關係，進彎速度也提升了，最重要的是在彎道中大傾角壓車也不會覺得恐懼，這樣一來就能毫無不安地攻略賽道了，然後轉開油門的時候也有輪胎咬住地面向前彈射而出的感覺……

事實上就算是為了越野競賽而加強了彈簧，但畢竟只是 125 cc所使用的款式，移開駐車架後就會因為 250 cc的車身重量而下沉，跨坐上車後直接下沉到 1/3 處，我心想「這可能不行了吧」，不過我的體重輕，除了煩惱之外也想不到其他的方法，就先這樣試看看吧。

我到了很久以後才知道為什麼會有效，當時只覺得將避震器調軟的話會有感到安心的效果而已。但是看到老大跨坐上車後*下沉了 1/4 以上，感覺上應該就沒問題了。

避震器會藉由收縮來吸收衝擊，如果因為車重和騎士的體重而下沉的話就太浪費了，倘若是以騎乘舒適度為優先的車款，那麼將懸吊調軟也是無可厚非的事情，但是對運動用車款來説騎乘舒適度又不重要，所以硬梆梆地才對……

這點在當時可以說是常識。

所以比賽用廠車的後避震在騎士跨坐上車後幾乎不太會下沉，通過不平整的路面時臀部就會跳離座墊，除了忍耐之外沒有其他辦法，但是到了彎道中就會給人隨時會打滑的感覺，出彎擺正時只能提高警戒慢吞吞地轉開油門，這種操駕方式在當時無庸置疑是必須學會的技能。

所以這種騎車時避震器下沉所帶來的差異對我來說相當具有衝擊性。現在叫做回彈行程，也就是一開始下沉的行程量在彎道等地方突然打滑時會順勢回彈，避免輪胎一口氣喪失抓地力。但是當時沒有這種知識，只是感覺更安心，當時的輪胎較細窄，常常會變成甩尾的小幅度橫移也安定下來，再加上彈簧較軟的關係，在彎道時可以大幅度地下沉讓重心向下，也增加了安定要素，還能擠壓輪胎增加抓地力，並且讓加速時產生的循跡力效果更清晰地回傳，令騎士安心地轉開油門，有著兩層三層的相乘效果⋯雖然現在可以解說，但是當時只沉浸在獲得沒來由的安心感的喜悅中。

簡單來說，身體所感受到的回饋平穩自然、動作緩慢，這也是可以減少恐懼感，並且安心操駕的一個很大的因素。

因此，減少恐懼感後就有像小排氣量車款一樣游刃有餘的感覺，回過神來發現單圈秒數開始慢慢地接近前輩們，用「就連騎車都變快樂了」來形容可能有點太過誇張，但是我當時的心情彷彿飛上雲端，也開始有了自信。

順帶一提，這不是 KAWASAKI 特有的現象，只要觀察 1960 年代時的 WGP 廠車，大部分的騎士都換成 Koni 或是 Girling 等歐洲製的避震器就能略窺一二。

當時的廠車都以提升引擎性能為最優先的考量，也就是說工程師只專注在如何利用最高速度和加速性能來超越對手，過彎的話就是騎士自己的手腕了，這在當時可以說是理所當然的事情。

所以當時許多的頂尖騎士除了賽車服和安全帽之外還會多帶兩支避震器，並且重視操控和易於操駕的特性。

不過現在還是許多人覺得懸吊要調硬一點才能高速行駛，所以在當時如果選擇比較軟的避震時，簡單來説就是會被別人認為是「遜咖」，我實際上也被各式各樣的人説過：「你就是太膽小了才選這種莫名奇妙的避震器」，但是我自己也了解如果不這樣做的話我根本沒辦法比賽，除了這麼做以外也沒有別的選擇了。

看來往「遜咖」方向來調校比較能減少我對騎乘時的恐懼，又能簡單好上手的操控。

1968 年，我的 A1R 也換上了美國 KAWASAKI 的萊姆綠，安全帽和風鏡是當時大家都愛用的裝備

P020

BRIDGESTONE 50

1931 年創業的輪胎廠商，在太平洋戰爭後開始生產腳踏車，1952 年時推出將 30cc 小型汽油引擎掛在腳踏車上的 Bambi 號，正是 BRIDGESTONE 摩托車的起源。1965 年採用旋轉氣閥進氣的 50cc 跑車及 90cc 跑車，開始與先踏入摩托車市場的對手比肩（比賽用套件豐富的關係，受到素人賽車手的喜愛），之後也推出了 125、180、350（雙缸）車款。但是銷售量不佳的關係，於 1970 年終止摩托車部門。

P025

避震器下沉 1/4 以上

騎士跨坐在車上的時候，後輪避震會因為體重的關係而收縮。這個收縮量不單單只是在行經路面突起處時吸收衝擊，在經過凹陷處的時候還能回彈讓輪胎伏貼地面，另外輪胎如果在迴旋中打滑的話，上面所說的下沉量還可以回彈，使輪胎持續咬住地面避免轉倒，也就是說，如果避震器在騎士就座時會深深下沉，就代表這台車著重在失去控制時的復原能力。

第三章 捨棄直線加速的化油器設定

（大手油門出彎的操駕方式）

練習量變多、漸漸習慣賽道，總算可以跟上大家的速度後，我參加的是不允許廠車參賽的全日本 Junior250 級別比賽，所以對手是以 YAMAHA YDS3 為基礎改裝的比賽車。A1R 在推車發動時比較簡單，在第一圈結束時可以維持領先地回到大直線上，但是到了第二圈馬上就被超過了，因此讓我煩惱著化油器該怎麼設定。

化油器中的主要噴嘴可以靠著口徑不同的改裝部品來調整汽油的流量，更換之後會改變汽油與空氣的混合比例，讓燃燒效率變好或是變壞。這個被稱作*空燃比（空氣和燃料的比例，燃油太多被稱作「太濃」，不足的話就是「太淡」）的點火原理，最理想的比例是 1g 的汽油和 14.7g 的空氣，但是因為引擎在高轉速域和低轉速域時的進氣量並非等比例，如果將其混合完全配合動力輸出峰值的轉速域時，大部分的情況空燃比都無法配合低轉速域時的操控，畢竟當時沒辦法像現在一樣利用電子控制系統來自由自在地設定燃料噴射，只能靠經驗和直覺來決勝負，所以對於初學者的我來說常常陷入不知道該如何是好的窘境裡。

以練習時的例子來說，如果在直線上發揮最佳的加速性能和最高速度，那麼接下來關閉油門進彎後，在轉開油門的時候混合油氣會太淡，過熱的情況下活塞頭可能會被熔掉，無法繼續行駛。

事實上曾經換上過不容易被熔掉的廠車用鍛造活塞試作品，但是因為還是試作品的關係，在富士 Speedway 國際賽車場以 30 度傾角壓車過彎時活塞碎得四分五裂，後輪突然鎖死把我彈飛，身體在下坡滑了 300m，當時因為沒有全罩式安全帽的關係，臉直接在地面磨擦，受到需要住院半年的瀕死重傷。

就算這樣還是沒有放棄比賽，這段心路歷程偏離本次的主題太遠，就先擱下不提，進入下一個階段吧。

如果要以完賽為目標，只能把空燃比調成超級濃的狀態，但是這樣一來對於比賽來說最重要的直線上就無法發揮加速性能和最高速度。

雖然有許多地方都不能認同，但是無法完賽的話一點意義都沒有，所以還是試著用上述設定來跑跑看。「感覺上慢到令人絕望，這樣根本沒辦法拿來比賽嘛……」，老實說我一邊失望一邊不曉得自己在幹嘛的繼續行駛下去。

但是看到成績後卻讓我嚇了一跳。結果不但沒那麼糟糕，甚至和最佳秒數沒差多少。

騎起來有什麼樣的感覺呢？在直線上就算想要拉轉也會因為太濃的油氣而無法順利提升轉速，在沒辦法的情況下只能盡量提早進檔，如此一來發現除了最高檔位外三檔或四檔的時候還有一點加速能力，但是最後接近最高速度域時會有一點勉強的感覺。

在彎道轉開油門的瞬間則沒辦法像淡油氣設定時那樣馬上加速，不得已的關係只能大幅提早轉開油門的時機，變成慢吞吞地等待摩托車加速的操控方式。

簡單來說這就是「轉開油門、等待過彎」，在現代最新款摩托車的低轉速域中也能使用的操控技巧。

不會像淡油氣設定時一樣在引擎反應良好的轉速域中銳利加速，轉開油門瞬間所傳來的遲鈍反應讓我感到安心，和探索般地轉開油門不同，可以不用神經兮兮地提早大手油門。

慢慢等一下就會開始加速，雖然心裡是這樣想，但是因為緊張感降低的關係，不知不覺中「恐懼」的心情幾乎消失了，不需要專注在控制引擎的情況下，就能集中考慮過彎的曲線和操控方式。

結果就是過彎速度在不知不覺中變快。自己雖然沒有意識到，但是單圈秒數比起以前也縮短了不少。

但是因為二行程的化油器周圍會殘留許多沒有燃燒的燃料，以當時的常識來看就是個連設定都不會的外行人，前輩們看到後就常常揶揄道：「這種車可以騎嗎？沒辦法吧。」或是「你也太遜了吧。」

可是成績也還不錯，我也一直跟自己強調如果沒辦法完賽的話一點意義都沒有，習慣了之後大家也開始覺得這只不過是另一種方法罷了。

現在想起來，不能否認地這種犧牲高轉速域而運用中速域扭力的騎乘方式，也許只能在沒有廠車的 Junior 量級比賽中才行得通，但是意外地變成捨棄直線，利用彎道決勝負的比賽，能架構出屬於自己的獨特 KNOW HOW 也是相當貴重的經驗。

而實際上因為完賽率極高的關係，竟然還有機會爭奪年度冠軍，雖然很可惜地只獲得了第二名，但也讓我產生了方法並非只有一種的自信。

和避震器設定一樣，身體感受到平穩自然地回饋、車身的動作緩慢，這種精神層面上的充裕讓我這種膽小鬼也能積極地比賽。

這也是努力減少操駕恐懼後所得到的結果，而且對於我未來在最高級別賽事中騎著 YAMAHA TZ350、用著自己的操駕方式來爭奪冠軍也有很大的啟發。

但是我完全不覺得自己因為這樣變厲害或是變快了，我依舊還是個沒自信的膽小鬼，明明沒有贏得比賽的好勝心，卻一直努力比賽，單純只是因為「喜歡」騎車而已。

P032

空燃比

送入引擎燃燒室內的混合氣（變成霧狀的汽油和空氣）在 1：14.7 的比率有著最佳的燃燒效率，比這個淡的話（汽油比較少），會使燃燒溫度飆高，活塞膨脹、甚至導致燒毀，但如果太濃的話（汽油比較多），就會難以完全燃燒，引擎反應遲鈍，無法引導出最佳的動力，在比賽中調整濃淡是想要高速行駛時的必須作業。

KAWASAKI KR3

KAWASAKI 在挑戰 WGP 的最後一個賽季中於 125 cc 級距推出全新的 V4 引擎車款，連結雙汽缸的 14 段變速箱有著 14000rpm 的性能，但是最高動力輸出帶卻只有少少的 800rpm

KAWASAKI A1R

以 250 cc 跑車 A1 為基礎的市售比賽用車，使用了旋轉閥等 WGP 才有的先進機構，意圖攻破 YAMAHA 城池的一台車款

第四章　克服右彎和視線的位置

（仔細思考為什麼會感到不安）

雖然專心利用懸吊和引擎設定來降低摩托車帶來的不安，但是我在騎車的時候還是必須和心中想要退縮的個性戰鬥。用「戰鬥」來形容應該不太對，因為我知道自己太膽小的關係，根本沒辦法只靠毅力來克服，所以用「習慣」比較合適，可是大多數的情況，除了一直騎車我也不知道該怎麼辦。

在這當中，我找到一個覺得必須的克服的事情─就是攻略右彎。因為賽道中都是順時針的右彎居多，而且第一個彎道在設計上不管是鈴鹿賽道、富士Speedway國際賽道還是其他賽道都是高速複合型彎道，而且決勝負的彎道大多是右彎。

但是我和許多剛開始騎乘摩托車的人一樣，覺得右彎沒辦法像左彎一樣順利操駕，雙手、肩膀、上半身還有腰部和兩腳因為覺得棘手的關係總是過度施力，無法隨心所欲地操作，進彎速度也降低，總是沒辦法順利操駕。

如果不解決這個問題的話，就沒辦法好好的比賽。「因為日本是靠左前進」、「心臟在左邊」等，就算詢問了前輩們也沒有具體的解決方案，好像除了習慣之外沒有其他辦法了。

但是我竟然在越野賽中找到了提示。當時全日本的比賽一年只有六場，為了培養比賽時的手感，以及讓身體保持於操駕的狀態，大家都會去參加比賽場數多、在河灘上舉辦的越野比賽。

越野賽的彎道地面是瓦礫和柔軟的土壤所組成，非常容易打滑。這個時候就會伸出內側腳踩向地面維持平衡避免轉倒，我發現左彎的時候可以瞬間反應踢出左腳，但是右彎時如果沒有事前做好準備的話就不會像左彎那麼順利。

「嗯？這該不會是因為軸心腳的關係？」然後我開始在樓梯上實驗，在平緩且寬廣的樓梯上想要往下走時，左腳可以隨意地支撐體重然後迅速往下，如果是陡峭且狹窄的樓梯時，就會小心翼翼地將左腳留在台階，讓右腳先往下踏出。我心裡暗暗地明白了。也就是說左腳從開始會走路後就培養了可以反射伸出的自信。

但是如果說知道原因就能改變對右彎的棘手反應，這當然也不是那麼簡單的一回事。

當然我在十字路口左轉的時候也不會想要伸腳，可能是因為是和軸心腳同一邊的關係，如果有什麼意外的話可以馬上反應，所以能明顯地感受到身體放鬆讓摩托車自行轉彎。

但是到了右彎時，感覺上好像是為了發生意外時可以馬上擺正車身的關係，無法順利地將重心分配在右邊內側，同時因為身體沒有放鬆力量的緣故，妨礙了前輪自動追隨傾斜的車身產生舵角。

掌握到這個事實之後，我開始會常常確認自己在攻略右彎和左彎時哪裡不同。就算說是放鬆身體力量來操駕，也不代表可以散漫隨意。不管是腰部還是手臂的感覺，甚至細微到連肩膀的位置都要做到和左彎呈現相對稱的樣子。具體的方法是自己確認自己的操駕方式，雖然馬上要做到一模一樣是有點難度，但是慢慢地就會有「啊不行，這邊還有點不一樣」的感覺，重複矯正後就有相當程度的改善了。

另外我還發現一個差異，那就是在往右的高速彎道中如果壓低上半身、坐在座墊前方的位置時，摩托車會變得比較穩定。

攻略左彎和髮夾彎等曲率刁鑽的彎道時可以抬起上半身，也就是讓身體遠離前輪的話，前輪會因為車身傾斜而迅速地反應，一開始就能用著銳角的角度開始轉彎，順勢進入迴旋階段。但這會讓騎士感到不穩定，進入對變化比較敏感的狀態。

相反地，若是坐在座墊的前方並且壓低上半身時，前輪的反應會變遲鈍，一開始雖然沒辦法銳利地轉彎，但是傾斜車身到大傾角壓車的過程中會比較沉穩緩慢，讓人覺得安心穩定。

我當時雖然靠著親身實驗才發現，但卻不知道箇中緣由，是在有很長壓車傾斜時間的高速右彎中試過各種方法來感受其中的差異，方才收到成果。關鍵在於進彎前的減速，維持往座墊前方移動腰部的狀態下，雖然沒有重新調整姿勢的時間只能就此進入迴旋階段，但是不知道為什麼摩托車傳來黏在地面上的感觸，大大提升了安心感，重複實驗過幾次後發現真的不太一樣。

以現在來說，這種壓低上半身向前就座的姿勢會產生一點轉向不足的感覺，原理是因為前輪的負荷上升，給人用兩個輪胎迴旋的安定感，但是在比較小的彎道中還是得抬起上半身讓摩托車一開始就能銳利地轉向。這邊先離題一下，如果置換到現代的跑車時，會產生一股俗稱推頭的效應，就算有著安定感，前輪還是會慢慢往外側移動，陷入不利於過彎的狀況，算是優缺參半的情形。

那麼回到正題，這種前輪和就座位置及上半身位置之間的遠近關係會產生過彎時的差異，也因為我是個膽小鬼才能及早發現的一個重點。後來我就依照狀況使用，賽道中的右彎多為高速彎道，左彎則大多是髮夾彎和曲率刁鑽的小彎道，我在不知不覺中就習慣了這種操控方式。

加上高速右彎多、過彎時的時間較長、又努力學習在彎道中變換姿勢的關係，不知不覺地我就變成了擅長右彎的騎士了。但是到了最高級別的賽事中，大部分都是右彎較快的騎士，所以結果也沒能讓我佔到太多優勢。

另外當時還有另一個煩惱，那就是視線的位置。就是常常被提及的「看向彎道出口」這件事。

如果不留意這點的話，就無法掌握加速出彎時往外側移動的取線，結果在中途關閉油門，讓行進路線距離外側的路緣石還有很大的空間。

但是勉強自己硬要看向遠方時，還是無法不去在意現在位置的地面。結果就變成一直來回切換視線的遠近，陷入沒有辦法決定焦點的狀態。

然後回過神來卻發現自己只看著摩托車正前方的地面，也許大家在騎乘旅遊時也曾經發生過一樣的事情。

那麼我是怎麼練習的呢？在上學的時候坐在電車的第一輛車廂，訓練自己不要改變視線來辨認最前方的景色，當電車速度越來越快後，景色也會一直流向眼前，如果有決定視線焦點的習慣時，視線一定會追著景色由遠到近，但是到了眼前後又慌慌張張地移回遠方。

這就是為什麼明明張開眼睛，但是卻有一段空白的區域看不到，感覺上好像沒辦法一直看向遠方。但如果把流淌過來的景色當作一張很大的畫像眺望著，不要在流動的風景中決定視線焦點，試著確認遠方、中間和眼前有什麼東西，慢慢地眼球就不會一直移動了。

但是當自己在騎車的時候，又不像人在電車裡面有不用擔心隨時有人車衝出的安心感，每一刻的變化還是會進入視線，再加上擔心遇到危險的狀況，視線一定會在遠近之間來來回回。雖然學會這點不能完全當作徒勞無功，但也只能算是有好一點點的程度罷了。

比起視線的問題，我開始發現如果懸吊系統和引擎的特性不會伴隨著緊張感時，心境上的餘裕讓人比較能關心摩托車的行進方向、減速到切入、迴旋到加速等時機，並且判斷行駛取線。

這麼一來，來回切換視線問題也會慢慢消失，視線的移動會更加大範圍，變得感覺像在看一張靜止的圖畫。

而且重要的其實不是視線，如果將*上半身一起往頭面對的方向變更姿勢時，可以提升迴旋的穩定性，讓摩托車確實照著取線行駛。

除了在彎道入口開始切入時要看著彎道內側的彎頂處之外，如果是彎道曲率產生變化的複合式彎道中，改變迴旋方向的同時看向下一個彎頂，更容易誘導出新的迴旋軌跡。

視線等同是頭的位置和臉面對的方向，自然地就會引導肩膀的位置和行進方向間的角度，以結果來說視線還是很重要。當了解這點之後，更深刻感受到操駕摩托車時視線的重要性就有如開車時需要微調方向盤一樣重要。

明明是用自己的身體操控摩托車，但是我大多數的時候是處於被動接受的一方，我還記得學會如何控制其間的平衡後，對於可操控領域的擴大感到吃驚。

各位在騎車的時候有沒有也將所有的反應當成是理所當然呢？但是如果在沒有車流的地方實際嘗試看看上半身脫力的技巧，可以發覺過彎性能提升，感覺像發現了新的境界。

P046

上半身一起往頭面對的方向

在彎道入口切入時看向內側、或是在出彎時看向彎道外側，兩肩會順勢朝著臉面對的方向移動，也就是說上半身會自然地往想要轉彎的方向移動重心，讓摩托車維持容易過彎的狀態。

第五章　踩腳踏和握住龍頭的方式

（優先的注意事項會隨著時代改變）

騎乘旅遊時騎在前面的前輩如果是有 30 ～ 40 年以上資歷的人，可以試著觀察看看靴子的足弓處，有沒有發現他們是用腳尖踩在腳踏上呢？

為什麼不用足弓踩在腳踏上呢？因為這樣搖搖晃晃的比較容易讓車身傾斜。只要輕輕扭動腰部，甚至不需要大動作地讓體重移到內側也能馬上改變行進方向。

這樣在市區騎乘時可以輕巧地鑽車縫，如魚得水般地在車水馬龍中悠遊。雖然我不覺得這樣可以用具有運動感來形容，但彷彿是種證明似地，當時喜歡騎快車的人都會用腳尖踩在腳踏上。

在這種環境下第一次接觸摩托車的我，連想都沒想就開始模仿用腳尖踩在腳踏上的操駕方式。

騎乘旅遊中如果是沒有彎道的路線時，為了輕鬆一點的關係雖然會讓足弓踩在腳踏上，但是一到山路的入口就會變換腳的位置，將腳尖移到腳踏上，這有一種切換成幹勁十足攻彎模式的感覺。

在比賽中大傾角壓車的時候為了不讓靴子去磨到地板，我現在也還是會用腳尖踩在腳踏上。

可是這麼一來腳就處於沒辦法操控煞車踏桿和排檔桿的位置上，如果要操作時就必須讓腳往前方移動。

因為需要在行駛時頻繁移動腳的關係，還不習慣時的確會有哪裡怪怪的，可是熟悉後卻讓人有技巧變好的感覺。

問題在外側。在當時如果用足弓踩在外側的腳踏上時，會明顯地覺得車身的動作變遲鈍了，「不用腳尖踩在腳踏上不行」當時如此深信著。

但是這也不是萬能的。舉例來說，如果是在稍微不平的地面上，車身會搖晃，外側的腳尖就可能從腳踏上滑脱踢到空中，讓坐在座墊上的腰部隨之晃動，令人捏一把冷汗。

其實內側也是，在彎道中的時間一拉長，從腳尖到浮起的腳跟都會開始顫抖。然後為了不讓腳尖滑開，就會稍稍施力踩住腳踏，容易造成精神層面的不安，身為膽小鬼的我也曾經努力和這種不安奮鬥過。

畢竟優點還是大過於缺點，在兩害相權取其輕的情況下，也從來沒懷疑過這種操駕方式，可是到了現代，關於外側的方式已經完全行不通了。

首先，現在最新的操駕方式是盡量不要對腳踏施加壓力。不管是坐在座墊上的臀部或是移動身體時與座墊接觸的大腿，都要毫不保留地將體重分配在座墊上，才能提升切入時的反應和迴旋加速時的循跡力。

最近的 MotoGP 比賽中，常常會看到騎士的外側腳離開腳踏，或是進彎前像越野比賽一樣出腳過彎的場面。

位於頂點的職業車手竟然也會犯這種低級失誤……當然不是這麼一回事。光從腳和腳踏的關係，就能看出騎士完全沒有施加多餘力量來穩定身體。

特別是伸出內側腳來過彎的技巧，原理是後輪在強力煞車的時候會因為強烈的減速反作用力而稍稍浮舉，車身會比較容易左右搖晃，如果攻略左彎時，後輪剛好向左晃動的話，就會難以從切入階段順利地進入迴旋階段，為了讓後輪維持甩向右邊外側，所以才會伸出內側腳。

先不論這是不是 MotoGP 才有的特殊案例，但是對於腳踏施加的任何重量都會妨礙體重完整地分配在座墊上。隨著穩定性及抓地力有著顯著提升的輻射胎問世，加上摩托車的各項進化，這種不對腳踏施加壓力的操控方式逐漸變成主流的時間也才 20 年不到。

就連在 1960～1970 年代之間專注在如何安心不害怕地操控摩托車的我，也沒想過該對踩腳踏的方式做什麼改變。

其實只要從後面看 WGP 選手的操駕方式應該就能一目瞭然。因為當時對於切入來說最重要的就是一開始的動向，可以輕巧地移動身體的優勢更大。

但是對於現在來說，切入的契機雖然也很重要沒錯，但是如何讓從切入開始到進入迴旋的過程中維持穩定、並且激發出強勁的迴旋力也相當重要。包含整個切入的過程，有極大部分會受到騎士的操控方式所影響。像這樣用寫的感覺好像很難懂，簡單來說就是盡可能地不要對腳踏施力，只要讓腳不出力的搭在腳踏上就好。

特別是外側腳，用足弓處踩在腳踏上比較不容易施加多餘的力量，現在這才是正確的操駕方式，與以前有極大的差異。

以前在切入的時候，車身在小角度中傾斜的最初動作就是決勝的關鍵處。也因此才會出現許多傳説中的技巧，例如所謂的逆操舵，想要迅速往右邊切入時可以先將龍頭往左邊打。

但是這頂多只有在傾斜最一開始時輔助誘導車身動作的效果而已，前輪結構的特性就是這樣設計的，只要試著跨坐在靜止的摩托車上轉動龍頭就能理解，龍頭往左打時，車身會因為反作用力向右邊傾斜。

但是在行駛時如果過度施力的話，前輪就會打滑。所以頂多是騎著又大又重的車款在高速公路上變換車道才有機會使用。但是各位應該也常看到過MotoGP的車手在S型彎道的反向切入中，前輪浮在空中的情況下將龍頭朝行進的反方向轉動，不過他們並不是故意將龍頭反打，單純只是順勢而行。

那麼再回到剛剛所講的外側腳。1980 年代開始，為了讓下半身更穩定地夾住車身，有許多騎士會讓靴子內側抵在車身上，有一段時期我替這種利用外側腳穩定身體的方式取名為「外腳荷重」。

但是提到荷重，很容易讓人產生由上往下踩的誤解，這是我採用了錯誤的解釋方式，可是只要提及操駕技巧，就一定得講到這個利用外側腳穩定身體的方式，對於現在還是沒辦法切換的人只能說聲抱歉了。

每個時代的流行不同，而且隨著摩托車的進化，腳和手的關係也會不同。握龍頭的方式也是如此，以前習慣讓大拇指的根部直接抵在握把基座處有如刀鍔的地方。

這樣一來騎士可以立即察覺前輪產生些微的晃動，更容易纖細的操控，如果大拇指的根部長繭的話更是頂尖騎士的證明。

但是隨著煞車拉桿形狀的變化，以及放鬆力量握住握把可以避免因為太多情報讓人變得敏感，現在則是利用小指和無名指從外側開始圈住握把的方式會比較容易降低操控時的恐懼及增加操控性。

頂尖騎士的繭也從大拇指的根部轉移到小指和無名指根部了，關於這點，接下來會繼續說明關於煞車操控也隨著時代一起變化的故事。

第六章　模仿對手的設定反而變慢

（再度換成可以讓自己安心過彎的設定）

統籌 WGP 等國際型比賽的 FIM 為了不要讓賽事變成只有日本車廠彼此競爭的無趣局面，自 1969 年開始對出場車輛訂立了限制，50 cc只能使用單缸、125 cc和 250 cc使用雙缸、350 cc和 500 cc使用四缸引擎，並且變速箱的檔位最高只能到六檔。這樣讓 HONDA 所有的技術開發失去意義，決定中止參戰，其他的日本車廠也陸續退出 GRAND PRIX 賽事。

1960 年代中後半段的 WGP 中，在 HONDA 推出 50 cc雙缸引擎、SUZUKI 推出三缸引擎之前，125 級別的賽事中 HONDA 使用五汽缸的引擎，其他二行程車廠則使用四缸，250 及 350 的級別中 HONDA 竟然使用的是六汽缸，YAMAHA 則是四缸引擎，50 cc和 125 cc的廠車採用 14 段的變速箱。除了 HONDA 之外，YAMAHA、SUZUKI，甚至是後來才參戰的 KAWASAKI 都採用了追求高轉速高馬力的多缸引擎設計，為了解決最高動力輸出帶極為狹窄的問題，大家都採用了多段變速的變速箱。因為只有在一瞬間才能激發出廠車的最大性能，騎士也必須有著職人般地技巧。

在這種風潮下，除了最大排氣量 500 cc級別中的 MV AGUSTA 還有一拚之力外，其他英國和義大利車廠完全追不上日本車。

如果增加同一個時間內的引擎點火次數，也就是轉速增加的話，動力也會跟著水漲船高，因此當時的 GP 廠車都採用增加汽缸數，縮小各個汽缸的排氣量，也就是分散出許多小且短的活塞，在不超越極限的狀況下高轉速化，變成多汽缸且有著超精密結構的複雜設計。事實上當時的市售車也沒有水冷引擎，更別提 24 汽門（六個汽缸每個有四汽門）這種高科技的結晶，讓廠車宛若異世界般的存在，比賽的出場台數也都只剩下那幾台廠車，車迷急速減少的關係，FIM 當然會想辦法拿這點開刀。

但是對於憧憬著以兩萬轉的轉速、散發出騷動著鼓膜的高周波音浪奔馳在賽道上的我來說，FIM 的決定讓日本車廠全數中止參戰等於是提前迎接了夢想的終點。雖然我還是騎著 A1R 挑戰全日本的比賽，但是某一天再度因為廠車的問題而摔斷鎖骨，我便以此為契機放棄比賽轉投入電視台的工作裡。

但是命運真的是相當不可思議，因為電視台的工作需要到鈴鹿賽道出差，剛好當天正是全日本選手權的最後一場比賽。這麼難得的機會，我就跑到了集車區去偷看一下，剛好遇到了京都出生、以前在 Junior 級別中一同爭奪冠軍、隸屬於 YAMAHA 隊伍的糟野雅治選手。

他在奪得全日本冠軍的時候，獎賞是環遊世界一周，看看歐洲的賽車界，熱烈地和我聊著就算沒有廠車的私人車手也能用比賽獎金和找贊助商來生活，之後和受到啟發的我一同組成隊伍以私人的身分參戰，可以說是日本史無前例的非廠隊私人隊伍。

現在想起來當初真的時初生之犢不畏虎，只憑著滿腔對賽車的熱血就衝了⋯⋯不過好在因為汽缸數限制的關係，市售比賽用車和以此為基礎、專門為了比賽開發的廠車間的馬力差距不大，聽糟野選手說在 WGP 中私人參戰的選手也有機會獲得冠軍讓我彷彿看到了希望的光芒，於是就購入一台 YAMAHA 的市售比賽車 TR3，重新回歸比賽。

當時 YAMAHA 所推出的 TD3（250）和 TR3（350）就算在廠車撤出 WGP 後依舊是爭奪冠軍的常客。可以說是在同等條件下戰鬥。

我對於和 KAWASAKI 完全不同的摩托車感到驚訝不已。也太好騎了吧……不愧是有著長年比賽經驗的 YAMAHA 所開發出的車款，實在是太厲害了！但是在暗自佩服的瞬間，我也發覺如果是一台完成度極高的車款，那麼大家在比賽時就很難有著大幅度的差異。

這麼一來身為膽小鬼的我，常常會被技巧好又勇敢的騎士給超越，又變回以前那樣只能多騎車來習慣的狀態了。

而且鈴鹿賽道對於住在東京的我來說很難練習，在經驗不足和練習次數貧乏之下，為了還能有一拼之力，拜託糟野選手讓我住在他位於京都的家，然後多加練習。

之前在留級的時候也曾經以學生的身份做過宅急便的貨車司機、家教老師等各式各樣的兼差工作，感覺再這樣下去也沒什麼意義了，就直接從大學退學，開始以摩托車相關雜誌和撰寫試乘報告等出版工作為中心，再加上輪胎和機油廠商的測試邀約，每天浸淫在摩托車相關業界的生活中。我的個性是既然要做的話就不想半吊子，所以決定專心從事摩托車的工作。

至於比賽方面，第一個的目標是習慣 YAMAHA 的市售比賽用車，既然是一台優秀的車款，重點就在於如何熟練操駕。同時間也和糟野選手一起說服比賽主辦單位像國外一樣舉行有獎金的賽事，增加私人騎士加入的可能性，提升賽車業界的繁榮，以及和汽車大型比賽共襄盛舉，還有振興地方賽道等等，也有段時期忙著比賽以外的事情。

翌年 YAMAHA 推出第一台採用水冷引擎的新款市售比賽用車 TZ350，很快就買下來的我開始察覺到了某些差異。因為水冷化的關係，性能有著顯著的提升，但是同時因為汽缸的溫度管理變得更加安定，在中轉速域時有著舊款所無法匹敵的的動力和扭力，甫一操駕就覺得操控的簡易度又提高了不少。

對我來說轉速峰值的動力當然非常重要，但是和操駕 KAWASAKI A1R 的經驗重疊後，我開始思考是否能靠著自己特有的設定來改變操控方式，提升低轉速域時的發展性。

所以我試著嘗試和氣冷引擎 TR3 一樣的方式，盡可能地讓化油器噴出較濃的混合油氣，並且不要讓引擎在彎道時的反應過於敏銳，起步時雖然感覺還過得去，但是隨著圈數增加後，引擎和曲軸箱整個都變得非常燙，這個高溫會讓化油器噴出更濃的油氣，結果讓直線速度大幅下滑，除了放棄之外別無他法。

YAMAHA 調教出有如優等生一般的引擎，果然是沒辦法用這種荒唐無稽的設定，說老實話我也覺得是想當然爾的結果。

那麼只能換個方式了。水冷引擎的 TZ350，是否可以改變化油器主要噴嘴的設定，調整到最濃的狀態下，又能維持敏銳地輸出，行駛圈數增加後又不會過熱呢？

於是我去詢問了製造化油器的廠商 MIKUNI，他們的回答是沒有這種大流量的主要噴嘴。這也是理所當然的事情，一般來說改變化油器的口徑都是為了想要更好的動力。但是完全無視最高馬力，只專注在中轉速域的平穩特性，在當時光想就是件很奇怪的事情。

那就沒辦法了，只能自己處理。為了計算汽油通過化油器主要噴嘴的流量，我把主要噴嘴旋進塑膠容器的底部，在下面放一個有刻度的容器來計算流下來的汽油，調查現有噴嘴的產品編號與流量間的關係。

然後再去找細鑽頭和精密機械用的銼刀，自製出許多個擴大流量的特製主要噴嘴。

試乘後發現是極為正確的決定。在彎道中持續進檔的話，一模一樣的扭力感觸就會綿延不絕，後輪牢牢咬住地面的關係，迴旋時的抓地力也穩定地增強，也就是循跡力效果明確地回饋到我身上，大幅拉長了加速域。

對了，當時我連循跡力是什麼都還不知道，只是覺得和緩的加速傳來一股輪胎黏在地面上的感覺，可以讓人安心操駕，甚至是讓心情產生一種變得擅長過彎的錯覺，令我更加欲罷不能。

這樣講起來可能不太好理解，先以一般的操控方式來舉例。簡單來說就是用著三檔來攻略長距離的彎道，當開始轉開油門加速後，引擎轉速會從中速域攀升到動力輸出峰值的轉速，進入銳利的加速領域，但就算距離轉速上限的紅區還有一段距離，後輪還是會開始一點一點地往外甩，就算可以提升出彎的速度，但是迴旋軌跡也還是會外拋，這樣一來為了讓迴旋過程保持穩定，只能繼續換到四檔。但是這種狀態下一旦進檔時，摩托車和地面的關係就會改變。

可是如果在更早一點的轉速域中迅速重複進檔的話，就能維持同樣的循跡力感觸，後輪保持在一定的範圍內不至於向外抛，因為不需要多加警戒的關係，可以安心地大手油門，更讓人持續感受到摩托車強勁的過彎力。

「在比賽時不是要將輪胎發揮到快要打滑的極限狀態下，才會有比較快的成績嗎？」大多數人都會這樣想。雖然說比賽時無可避免地會出現上述場面，但是一直處於打滑邊緣時反而會降低過彎效率，就算看起來帥氣，但速度卻無法加快。就連最新式的 MotoGP 廠車也都著眼如何更有效率地過彎，最重要的關鍵就是將循跡力控制系統的設定調整成運用空轉來攻略中速以下的彎道，雖然有點複雜，很難馬上了解，但是基本原理是一樣的。就算在迴旋時產生抓地力的狀態下，輪胎不管在什麼場合都還是會一點一點向外側移動，如果外拋的量超過了轉彎加速的能力時，過彎的效率就會惡化。

大家在攻略大型彎道的時候也可以試著用3000rpm左右的低轉速開始加速，到了4000rpm的時候就反覆進行不會產生頓挫的換檔方式看看，在過彎時應該會有著同一種感觸，我所說的就是這個意思。

話雖如此，以當時的摩托車來說，如果在彎道出口的轉速位於動力輸出帶以下的話，會有著遲鈍的加速感，這樣真的會有好成績嗎？老實說有的時候我自己也是半信半疑。

在引擎還只以最高動力為優先的年代，我刻意捨棄最高速度，追求更容易大手油門出彎的這件事情都不太敢和別人說明，因為說了也大概只會被認為腦袋有洞吧。

但是對於膽小鬼的我來說，這樣比較有安心感，可以更快意地騎乘，所以還是把積極攻略彎道的心情做為優先考量。

和 KAWASAKI 時代一樣，就算在直線上感覺慢吞吞的，但是整圈的秒數卻沒什麼變化，易於操控且容易轉開油門的狀態下多加練習後，甚至有可能縮短單圈秒數。

仔細想想，不管在多長的直線區域想用最高速度來拉開差距，200km/h 的速度下領先 50m，整體時間還不到一秒，但是在那麼多的彎道中都能更簡單地攻略時，總是有辦法追回那一秒鐘，這樣一來直線加速性能高也不一定有多大的優勢，我對於自己的方法漸漸加深了不少自信心。

下工夫的地方不單單只是在引擎的設定上，避震器也有著墨，尤其是最為講究前叉的操控特性，將固定前叉的上、下三角台（俗稱手銬）的位置上下移動來改變前輪追隨車身傾斜的特性，並且配合不同賽道的彎道特性來調整。如果讓車架最前端的轉向軸低於前叉，也就是從正上方俯瞰時可以發現內管突出三角台的話，那麼會比較容易切入進彎，但缺點是前輪會有一點轉向不足。若是相對位置較高，也就是內管沒有突出三角台的話，那麼車身在攻略低中速彎道時會更快進入穩定迴旋的階段。

還有煞車也是，如果前叉因為點頭的關係一瞬間沉底的話，在當時的車款來說，前叉下沉到了一定的位置後就幾乎不會再移動，如果這時又經過路面不平處的話，前輪就會小幅度地上下震動彈跳，變得無法集中精神操作油門。為了避免這點，我調整了前叉內部為了緩衝而注入之阻尼油的多寡。

這是因為調整油量多寡後會改變油面的高度，經過密封之後，油面以上的容積會成為空氣彈簧。如果不想要讓前叉一口氣沉底，就需要提高油面，如此就能讓前叉在緩衝時有著漸進式的效果，又能調整前叉下沉的位置。

實驗後發現就算煞車時不會一口氣沉底，但是在S形彎道中的反向切入時卻會覺得前叉的上下移動讓前輪不穩定，所以只能找一個中庸的設定來約略符合有著許多彎道種類的鈴鹿賽道。舉例來說，如果調校成煞車時不容易沉底，那麼在反向切入等需要快速移動時就會有前輪離開地面的感覺，我在這個反應穩定之前都會比較警戒，甚至會多等一個呼吸的時間才繼續下一個動作。

如果不用等待，和其他騎士一樣無視前輪左右晃動繼續衝進下個彎道不知道該有多好，但我這種膽小鬼卻做不到。所以為了讓前叉在短行程中有著迅速作動的反應，但如果超過一個程度後又能有著足夠的緩衝力來抑制沉底的特性，我還換了黏度較低的阻尼油，或是換上加裝了氣閥、可以從頂端灌氣進去的內管，雖然效果不盡理想，但我還是嘗試了許許多多的方案。

如果要問我到底以什麼為目標來進行研究和調校的話，那就是偶然騎到採用了義大利 Ceriani 製產品的一台車，剛性感完全不同，最重要的是極佳的安心感讓我大吃一驚，我盡可能地在作動的過程中找尋差異，探討屬於自己的可能性，並且努力讓前叉的特性更接近 Ceriani 的感覺。

現在的 MotoGP 廠車都配有 OHLINS 的避震器。在 1960 年代的 WGP 中，YAMAHA 的 250 廠車有的時候會選用 Ceriani 的製品，進入了市售比賽用車的時代後有些頂尖騎士的車款也會一樣使用 Ceriani 的避震器。就像 KAWASAKI 時代的後避震一樣，究竟為什麼會讓人非用不可，我對這當中的奧妙非常有興趣，一定是我夢想的「操駕時不會恐懼」的結晶吧。

我在鈴鹿賽道練習完後會在 PIT 區將前叉分解開來，然後把內管倒吊，一直等到隔天早上才把油滴光，朋友們吃驚地看著我說：「等在賽道做這種事情，這種維修保養先做完再過來吧。」

但是我只能一個人小聲地自言自語回答說：「如果不這樣做，就沒辦法和大家跑出一樣的成績了。」

高價的避震器在對應這種複雜動作的機能更是出類拔萃。為了輕快地操駕，在必要的行程內反應靈敏、作動迅速，但是超出這個範圍後又能柔軟地抑制衝擊，避免車身產生太大幅度的晃動。尤其是讓人不容易恐懼、又易於操控的特性宛如異次元一般，就算到了現代一樣有著極大的差異。

騎著 TZ350 挑戰全日本比賽的時代，竟然是全日本史上第一位獲得總冠軍的私人車手，隔年隨著車隊環遊世界一周。此為 1974 年裝上模仿在國外看到的碟煞後的試跑照片

1973 年時的 MFJ 年度冠軍頒獎儀式，當上 MVP 之後就能出國去看看其他國家的比賽，當時的贊助商 Komine Auto Center 還在雜誌上刊登廣告來慶賀我奪下冠軍

第七章　打開膝蓋磨膝過彎

（不知道何謂移動重心的情況下以安心感來決定騎乘姿勢）

所謂的騎乘風格，和前文所提到之腳與腳踏、手與龍頭間的關係不同，隨著引擎、車身、還有輪胎的進化，操駕方式也會改變。新的時代也會讓騎乘風格有極大的變貌。

現在的 MotoGP 比賽中可以看到騎士維持內側腳收起的狀態，與其說是磨膝過彎，倒不如說是用著令人震驚的壓車傾角來磨脛過彎，然後上半身也深深地下沉到內側，連手肘都要接觸到地面，看到這種騎姿讓我有種恍若隔世的感覺。

但話又說回來，這是因為賽道有可以維持全傾角壓車迴旋一秒以上的彎道，再加上又是世界級頂尖選手才得以使出這種美技，在連 0.5 秒的迴旋時間都不到的一般道路上，還需要移動體重、完全脫力將身體交給摩托車等等，需要克服許多難題才能發揮效果，如果用著似是而非的方式來模仿的話只會徒增風險，沒有任何意義可言。

不過摩托車畢竟是種興趣，也不能否定為了享受樂趣而模仿名車手的操駕方式。如果是模仿 Kenny Roberts、Freddie Spencer、Kevin Schwantz 的操駕姿勢在山路上奔馳的熱血世代，對於當時的 GP 照片應該有著滿滿的回憶才是。

在我剛開始騎車的 1960 年代，摩托車相關雜誌上滿滿的都是日本車廠挑戰 WGP 並且獲得冠軍的奪勝照片，讓我也開始注意冠軍車手的騎乘姿勢。

直到 1950 年代為止的主流還是同傾過彎，在當時才剛剛開始轉變成打開內側膝蓋的風格。當中也有打開兩腳膝蓋的騎士，摩托車相關雜誌解釋說這是為了進彎時可以增加風阻，但我有「喔喔，原來是這樣阿」的想法一邊感到佩服。但事實上當然不是這樣，打開內側膝蓋是為了讓上半身到腰部可以自然地將體重分配到內側，連外側膝蓋都一起打開是為了讓重心更容易往內側移動。

而這時橫向移動腰部的內傾姿勢逐漸變成主流，接下來則是將腰部下沉，變成現在的過彎姿勢。

雖然現在可以這樣解說，但是在當時身為當事者，並且也在賽道上比賽的我老實說根本不知道這些原理。

只是在維持收起兩膝的狀態下過彎時，傾斜的後輪在經過路面不平處的時候會稍稍橫移，連帶地會有身體好像同時被拉扯的不安，但是模仿打開內側膝蓋的騎姿後，就比較不會傳達到身上，連外側一起打開之後在移動腰部切入時，摩托車產生的搖晃更不容易影響身體，簡單來說就是可以降低恐懼感，後來過彎時反射性的就會採取這種騎乘姿勢。

再加上有的時候會偶然地磨擦到內側打開的膝蓋，一開始讓我有像GP騎士一樣的愉悅感，但是習慣之後發現應該只是高速行駛的關係讓避震器下沉，膝蓋比較接近地面的關係。

不過賽道上有著形形色色的彎道，有的時候比起壓車傾角，還不如早點進入加速出彎的階段來製造循跡力比較好。

就算是在比賽中，也沒那麼多時間注意有沒有摩擦到膝蓋，在山路上模仿除了增加騎乘時的風險之外也沒什麼好處。話雖如此，還是想要磨膝過彎的心情也不是不能理解。只是一昧的在山路中加深壓車傾角是相當危險的事情，所以請一定要在賽道上練習，將腰部大幅度地以旋轉的方式轉進內側下方，一開始先不要打開膝蓋，先習慣這種不用深度壓車也能轉彎的狀態後，再開始稍微打開膝蓋看看。除了這種方式，其他學習磨膝過彎的方式我都覺得會有危險，而且事實上不要磨膝過彎可能還比較好。

只是為了帥氣做出似是而非的過彎姿勢並不會讓車身更加穩定。對我來說，除了內側膝蓋以外，連外側膝蓋都打開的騎姿讓我覺得更加安心，所以在騎著 TZ350 參戰全日本賽事的時候一直都是用著這個姿勢，到了進入 WGP 後，學到了如何放鬆身體力量將體重有效率地分配在座墊上、將重心移到必要的位置，以及駝背縮小腹等利用身體來操控摩托車的技巧後，過彎的姿勢也產生變化。

這點只要看照片就能一目了然，最一開始的時候體重沒有確實地分配在後輪上，慢慢地變成身體放鬆的姿勢，然後變成利用身體來提高重心效果的騎姿。可以依照不同狀況來操駕的騎士才能降低騎乘風險，就結果而言才讓我有這一段導出不會感到恐懼的操駕方式的故事。

如果模仿 GP 騎士側掛過彎的姿勢，但是將體重放在內側腳踏或是大腿施力的話，抓地力會比同傾過彎的時候還要差，各位讀者一定要了解一件事情，那就是靠蠻力無法順利操駕摩托車。

第八章　膽小鬼在 WGP 的公路賽中被打回原形

（在世界的頂點變回身體僵硬的初學者）

1973年，我竟然登上了全日本的冠軍。在這一季的賽事中，許多頂尖選手發生意外事故，慢慢擠進領先集團的我一點一點地獲得積分，還不用到最終戰，在築波賽道以第二名的成績衝回終點的瞬間，日本最頂級比賽的年度冠軍就落到我的手中了。

當然我每場比賽有努力獲得分數，在積分榜上也有一拼之力，名正言順地成了冠軍。但是我內心依舊還是像之前說的一樣是一個膽小鬼，只是為了可以跟上其他人而自己做了許多努力，自信這兩個字對我來說還是有一點遠。不過我在最難的主戰場鈴鹿賽道上練習許久，排位賽的時候還搶到竿位起跑，在旁人看來好像是有相當的實力。

在剛剛所說的築波賽道提前封王，衝過揮舞的方格旗後，慢慢減速到進入第一個彎道之前，伴隨著躍動起來的狂喜，我一邊進入緩和圈一邊開始自問自答。「取得全日本的冠軍頭銜是首要目標，不過接下來該如何呢？該以什麼為目標比賽呢？」

慢慢地轉出第二髮夾彎，在直線上低速行駛，腦海中浮出的是「我想參戰WGP。」

1960 年代時所憧憬的水冷四缸 14 段變速箱的高精密摩托車已經不能參戰WGP 後，老實說我已經沒有特別在意 WGP 的比賽。

但是聽到糟野選手說在歐洲參戰的個人車手用比賽獎金、起始資金、贊助金等等就能生活之後，我就有了「除了這條出路外也沒別條路走了」的想法，然後經過 PIT 區騎回集車場。

沒有隸屬於任何廠隊，以私人身份參戰的車手竟然奪下全日本最頂級賽事的冠軍，這在日本賽車界中也是頭一遭。可能也因為在摩托車相關雜誌中工作，再加上大家普遍同情較弱勢的我，所以獲得許多車迷的支持，將摩托車停在集車場後，雜誌相關業界同事就欣喜若狂地衝過來說：「恭喜恭喜，成功奪得冠軍了，接下來的目標是什麼？」，我終於把一直以來的期待說出口了。

「應該是 WGP 吧，接下來的目標。」

日本當時沒有任何私人參戰 WGP 的車手，剛剛那番話等同是先驅一般的宣言，間接地也把自己逼入無路可退的狀態。

藉由輪胎開發測試等等當時的工作所賺的錢還算過得去，真的想遠渡歐洲參戰 WGP 也不是不行，而且一說出口後就不得不做了，慢慢地心情也開始堅定了起來。

翌年，作為年度冠軍的獎賞是隨隊環遊世界一周，首先到美國的 Daytona 賽道見習，然後遠渡歐洲，在 Daytona 時有著不錯交情的法國 YAMAHA 廠隊邀我到法國見習國內賽事。和糟野選手講的一樣，到處都是私人參戰的車手，四處打聽之下也了解了運作的過程，開始有了該從何處著手的感覺了。去到了歐洲才發現幾乎沒有人像日本一樣直接拿原廠設定下去比賽，每個人的愛駒都有獨特的設定，給我相當大的衝擊。

像我這種會東弄西弄的人在日本算是異端，可是到了最頂級的殿堂卻是理所當然的事情。連車架完全不同也不是什麼稀奇的事，現場甚至有被暱稱為「建商」的副廠車架開發人員，讓我後悔著為什麼不早點過來。

於是在 1975 年的 7 月，WGP 的下半賽季，我將 TZ250、零件、工具和一頂帳篷全部裝進三菱的得利卡，利用貨輪送到了德國的漢堡，開始了我的 WGP 挑戰。

當時我壓根沒有想過會重新體驗到剛踏入賽車界的「恐懼感」，甚至陷入幾乎完全喪失自信的窘境中。

出道戰是好不容易獲得出場許可的*比利時 GP。地點位於德國邊界附近、被稱作亞爾丁森林的丘陵地中，主辦單位將 1 圈 14km 的一般道路封鎖起來作為賽道使用，我看到 250cc 級別的最高平均時速留下超過 200km/h 的紀錄不是很能理解為什麼可以這麼快。因為就算在當時的鈴鹿賽道中，摩托車所締造的平均時速也不過才 160km/h，250cc 市售比賽用車的最高速度只有 215km/h，就不難理解為什麼我很難想像這個數值究竟是怎麼一回事了。

因為是第一場比賽的關係，我在前一週的荷蘭 GP 中就被當地 YAMAHA 刻意叫去幫忙 125cc 冠軍 Kent Andersson，順便當作見習，所以比預期地還早四天到達鄰國的比利時賽道現場。

在一個人都沒有的賽道上，最著名的下坡起跑線旁有特別設置的 PIT 區，裡頭是每個隊伍的集車區，我把得利卡停在裡面，在車旁搭起了帳篷開始做起準備。

比利時 GP 的照片常常會出現在摩托車相關雜誌上，起跑線的接下來是 S 型的急升坡彎道，實際走過之後發現比想像中的還要嚴峻，好險有先來場勘。

當時的 WGP 一個賽季總共有 12 場比賽，有一半是在封鎖的公路上舉辦。之後因為安全的關係，公路賽一個接著一個消失，這條比利時的 Francorchamps 賽道也變成一圈只有 7km，我當時還不知道這種將一般道路封閉起來舉辦的比賽有多危險。

於是我開始走路來確認整條賽道。大藪春彥的小說《遭皒的英雄》中也有出現走路檢查賽道的場景，我一邊想起這段故事，一邊單手拿著筆記本，彷彿自己孤立於世地在大彎道中來回走動，這邊是彎道的路口，這附近是最內側的地方，外側是出彎擺正的路線……等等，入口的標的物是牆壁對面某一家民宅的煙囪，然後內側的牆壁上方有一棵大樹……等等，把所有可以當作記號的東西都寫在筆記本上，晚上回到集車場的帳篷後，在睡前反覆地在腦海中進行模擬訓練。

兩天後我把賽道以及兩側的景色背下來。心理覺得「這樣在第一次的賽道上應該也可以用還可以的速度攻略了。」漸漸地有了自信。再加上隔天開始又是排位賽，剛好認識的比利時青年説騎著摩托車繞一繞賽道會更有記憶，他就讓我騎著剛發售不久的限定車款 DUCAIT 750SS 繞行賽道。

沒有請託就有這種天上掉下來的機會雖然相當令人開心，而且還是被評價為唯一可以對抗 HONDA CB750 Four 的歐洲大排氣量車款，但是實際操駕起來覺得動力不足外，在彎道中稍微壓車的時候車身就會搖晃，這樣一來別説記憶賽道，再這樣騎下去連操駕摩托車的自信都沒有了，才騎了一圈就慢慢騎回去把車還給別人了。

大型重機我只騎過穩重的日本車款，L型雙缸有著和四缸車款完全不同的靈活度，讓我完全不知道該怎麼操駕比較好。當時又少不更事，我只覺得國外媒體為了報被日本車一面倒地壓著打的一箭之仇，給予DUCATI過於誇大的好評而感到憤慨罷了。

但沒想到三年後，天才Mike Hailwood竟然靠著DUCATI 900SS稱霸曼島TT賽事，在我也有參戰的英國Mallory Park賽道上，親眼看到明明在最後一排起跑，但是卻一口氣超過HONDA廠車的畫面，當時真的是想都想不到。

因為太震撼的關係，我從WGP回到日本開始編輯月刊雜誌《RIDERS CLUB》的時候，因為DUCATI有著宛如異次元般的高度趣味性，好幾次都拿來當作封面車款使用。

回到正題，排位賽終於開始了。一個階段只有短短的20分鐘，在14km的賽道上只能跑三圈，就算早一點進入賽道最多也只有四圈，不過我已經記下賽道，結果應該不會太糟，但是接下來腦袋馬上一片空白。

根本只看得到兩邊的牆壁和作為防撞墊的草堆而已啊，站著走路所看到的景色因為跨坐上車後臉的位置會降低，視線理所當然地也會降低，這再正常不過了，但是我在賽道上才發現這件事情，可以說是萬事休矣了。

視線看不到煙囪也看不到大樹，也就是說我覺得最困難的高速彎道中，該在哪裡靠近外側，哪個位置最接近內側，已經沒辦法找到目標物了。

其他摩托車用著相當程度的速度差從身旁呼嘯而過，這才讓疑惑的我回神過來。現在不是猶豫的時候了，總之趕快隨便找一個人跟在身後好了。

可是就算努力跟在速度差不多的摩托車後面，在改變取線的時候會因為自己搞不清楚狀況的關係讓操控慢一拍，前方的摩托車已經切進內側了，我還直直地朝著外側衝過去。

以將近時速 200km/h 衝向外側草堆的恐懼感讓我覺得自己可能要往生了，身體開始僵硬，只能慌慌張張地完全關閉油門並扣動煞車。

到底有多恐怖呢？對我來說可以算是九死一生的危機，身體彷彿被電到一樣，暫時呈現茫然無法思考的狀態。

像這種不需要全傾角壓車、彎道曲率和緩綿延的高速彎道以右彎居多，一般公路為了下雨時的排水性，路面會設計成中間高、兩側低的弧型，到了彎道外側時左邊會比較低，除了讓摩托車比較難朝右邊前進之外，堆積在路肩的泥沙也有可能會讓摩托車打滑，煽動著騎士的恐懼感。

諸如此類的情況讓我膽顫心驚，在喪失自信的狀態下第一次的 WGP 排位賽就結束了，不單單只是害怕，還受到了極大的打擊。

第二階段的排位賽重整旗鼓，想盡辦法跟在別人後面，被超車後再繼續努力，慢慢習慣後成績總算是比第一階段要好一點，但是讓我再度嚐到衝擊的不是在彎道，而是在長直線上的性能差距。

在這條綿延的賽道中，最具特色的是直線的下坡路段，雖然我躲在前車後面的真空帶中，想要利用彈弓效應一舉超車，可是就算同樣都是 TZ250，我這邊已經打到最高的六檔，轉速拉到 11000 轉了，前方的騎士卻彷彿又再進一檔似地揚長而去。

之前在集車場觀察其他人的 TZ250 時，發現後齒盤上沒有刻上齒數，所以沒辦法看出減速比。為了不想讓對手知道自己的設定，我聽說有些人會反過來安裝，故意把數字留在背面，於是我只能用肉眼來偷偷計算被鍊條咬合住的齒數情報。

但是不管我怎麼數，答案都比 YAMAHA 出廠時所附有的最小後齒盤還少兩個齒數，但是這樣一來就連在日本速度最快的賽道—富士 Speed Way 中也沒辦法打入六檔，這到底是怎麼一回事呢？

我在後來才打聽到像 Francorchamps 這種有下坡長直線的賽道，好幾台車連在一起的時候和兩台互相競爭時不同，會產生強烈的負壓，後方車輛會一口氣超過好幾台車，互相利用真空帶爭奪領先的位置，所以才會把減速比調小到可能沒辦法打到最高檔位的設定。

現在的比賽都在賽車場內，不會有像一般公路一樣不斷綿延的長直線，所以可能不需要這種知識，總之當時我處在一個什麼事情都不知道的環境中，除了困惑還是困惑。

接下來就要迎接第三次、也是最後一次的排位賽。沒錯，當時的 WGP 只有三次排位的機會，而且還不像現在的比賽有自由練習的時間，就算是將一般道路封閉起來的賽道也是馬上進入正式賽程。在 Francorchamps 這種全長比較長的賽道中，三次的排位加起來也不過才 10 圈的機會。

最後的排位因為成績不佳被取消資格，排位的結果是第 31 名，但是正賽只會有 30 台車上場，因此落第了。

周圍的人安慰我說沒有任何 GP 經驗，選在比利時當作初登場本來就比較困難，但於事無補。

沒想到身為一個全日本冠軍，到了歐洲卻有著令人感到恥辱的成績，但是比起這點，更慘的是我彷彿又變回剛到賽道上比賽的菜鳥一樣，腦海中一直浮現「這沒辦法，實在太恐怖了我辦不到」，都來到了憧憬已久的歐洲，沒想到會陷入這種負面情緒中。

彷彿是要給我最後一擊似的，傳奇車手*Giacomo Agostini 來到了我面前。

「你是全日本的冠軍吧，如果在日本比賽的話應該會獲得成功，不覺得回去會比較好嗎？如果是日本的廠隊騎士騎著日本廠車來比賽的話也就算了，私人騎著市售比賽用車來參戰實在太勉強了，日本的車手需要多加練習後，習慣了賽道才能變快，但是 WGP 完全不是這麼一回事。」

我知道他當然不是來落井下石。集車場已經呈現舉辦比賽的狀態，周圍都是巡迴 WGP 的大型麵包車或是露營車，只有一台小型得利卡和露營帳篷的我寒酸的特別顯眼。

在義大利等比賽風氣盛行的國家中，不會有像我這種彷彿是經濟拮据的年輕選手參加地方小型比賽的風格來參戰 WGP。當時效力於 YAMAHA 廠隊的 Agostini 從 YAMAHA 的人身上聽到我的事情後來到了集車區尋找，一邊瞪大了眼睛用著怎麼可能的表情，一邊臉色擔憂地問我：「你就這樣來參賽？這樣有辦法嗎？」，之後也好幾次跑來問我需不需要幫忙。

順帶一提，我和 Agostini 現在遇到了還是可以一起聊聊當年勇的好朋友。明明是一位偉大的冠軍車手，但是待人親切的個性總是讓我覺得感動不已。

他特地在排位賽後跑來跟我說這句話，我一邊覺得感謝，同時消沉了起來，也許就跟他所說的一樣，這裡並不是我的舞台，靠著毅力和努力也無法彌補的差距，到底該怎麼辦才好……

但是現在回想起來，好險當初沒有半途而廢。我以此為契機，讓操駕摩托車的意識萌芽，以賽車手的身分具體地向前邁進了一步。

將公路封鎖起來舉辦比利時 GP 的賽道兩側疊滿了防撞用的草堆，道路的寬度也比一般的雙向兩線道還要狹窄，完全看不到彎道的全貌，四散的草枝增加打滑的危險，讓人心臟彷彿停止的第一次 GP 排位賽就落第了

參戰 WGP 的第一年從日本運到歐洲一台三菱的得利卡，上面塞滿了摩托車、零件和帳篷，又不是區域性的小比賽，讓其他 GP 選手吃了一驚

P083

比利時 GP

賽道圖 舊 LAYOUT（1947-1978、14.120km）

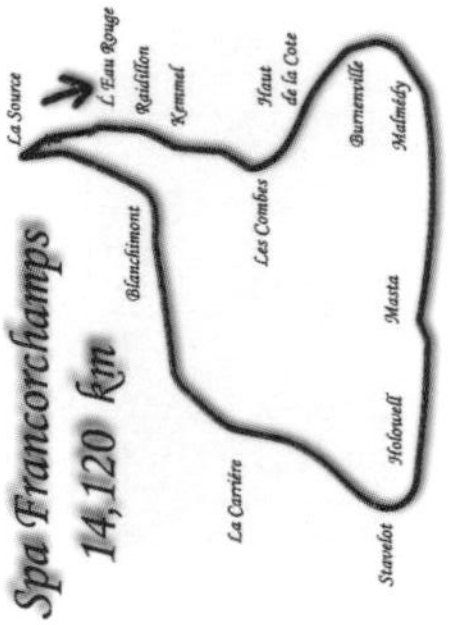

250cc 的比賽也能超過時速 200km/h，在 1975 年時可以說是所有賽道裡面平均速度最快的一條公路賽道，現在則縮短為 7km。

P091

Giacomo Agostini

1942 年義大利出生、全世界首屈一指的冠軍車手，1960 年代開始到 1970 年代於最頂尖的殿堂 500cc 和 350cc 級距中總共獲得 122 次的優勝、15 次的年度冠軍，騎著 MV AGUSTA 的絕對王者，1960 年代一人擋下 HONDA 的進攻。在 MV AGUSTA 停止參戰後，騎著 YAMAHA 也能獲得世界冠軍，到 1977 年退役為止都有著電影明星般的人氣，再加上對待車迷也比別人親切，沒有擺出君臨賽車世界的王者高姿態，親切的個性廣為人知。

第九章　重點不在記住賽道而是因應狀況隨機應變

（解決第一個賽道的攻略難題）

令人失意的比利時 GP 結束後，我在 YAMAHA 提供的整備場所、位於荷蘭阿姆斯特丹郊外的車行中渡過了一段時日，心情也慢慢地冷靜下來。

接下來兩個禮拜後的瑞典 GP 是在賽車場上舉辦，可是再下一週、位於鄰國的芬蘭 GP 又變回一般公路。好不容易都來歐洲一趟了，至少也要在比較習慣又不容易害怕的環境中跑跑看，所以決定去參加瑞典 GP，至於公路比賽的芬蘭 GP……就到時候再看狀況吧，隨著時間經過，我也慢慢重整了心情。

這段期間的變化對我有極大的幫助，還有就是騎著 YAMAHA 廠車比賽的 125cc 世界冠軍、同時也是瑞典籍的賽車手*Kent Andersson 的提點。

他是我在荷蘭亞森賽道幫忙兼實習時所認識的朋友，身材高大到騎著 125cc 的摩托車會讓人感到突兀，但卻是個相當熱心助人的人，除了這次以外，之後也好幾次幫了我不少忙。

在世界級比賽的殿堂 WGP 中戰鬥的頂尖騎士常常會給人相互競爭、不能讓別人看到弱點的印象，但意外地不管是他還是 Agostini 在待人處事上都溫柔且熱心，讓我吃了一驚。

我在 WGP 的轉戰過程中在許許多多意想不到的事情上學到不少經驗，常常受到這些人設身處地的著想並且伸出援手，對我接下來的生活方式和思考邏輯起到了非常大的影響。

先不管這點，總之在他時常邀約我吃飯，我也開始可以敞開心胸聊天，有一天他問了關於我在日本時的比賽狀況，我回答說自己在日本的鈴鹿和富士賽道上都是領先集團的時候，他突然地問了我一個問題。

「假設是在攻略盲彎的情況下，你有沒有想過前方可能會突然出現一道牆壁呢？」

「不會，再怎麼說都不會想到這種毫無邏輯的事情吧……」我一邊這樣想著，但卻一邊覺得自己也許在心中某個角落有這種擔憂也說不定，雖然這樣想有點極端，但是如果一直鑽牛角尖下去的話就沒完沒了。

「當沒有自信的時候，人就會開始思考一些不可能發生的事，不安和恐懼在情感上會連結在一起。害怕是一個必要且相當自然的情緒，但是你仔細想想喔，如果是自己完全理解的事情、自然而然就能掌握的事情的話就不會有任何不安。」

他一邊講著這段話，一邊在紙上畫下了彎道的示意圖。

「當即將進入彎道的時候，假設自己所預設的取線是這樣子，但是如果慢慢地向外偏移時，視線就會無可避免地專注在自己與外側路緣間的距離吧。可是這樣一來明明是在迴旋中，卻容易讓人誤會自己彷彿筆直地朝向外側前進，這時如果真的扣下煞車的話，會因為摩托車擺正的關係，就真的直直地衝向外側，而摩托車和路緣間的距離也不足以煞停。但是如果用著外、內、外的方式來攻略賽道時，你看這條斜斜的行駛取線有較長的距離，不就還來得及改變轉彎方式了嗎。」

這完全說中我在比利時GP陷入混亂的原因。而他只不過是改了一點行駛取線的角度，就讓一切變為可能，只是我之前毫無經驗的關係所以無法理解。他沒有理會一臉訝異的我繼續說道。

「在同一個賽道中大量練習，掌握速度感和習慣操控方式雖然沒有不好，但是太過鑽牛角尖的話一旦出了點小差池就沒辦法迴避危險。每個周末都在不同場地上比賽的專業騎士不太會去尋找最理想的取線，而是讓自己處於不管出現任何狀況都可以隨機應變，所以和你的操駕方式會有不同。想要隨機應變，重點在於操控摩托車的基本動作。這個週末在荷蘭有一場民間舉辦的私人比賽，你來跑跑看吧，慢慢跑就好了，先習慣常常需要在不同的賽道比賽這件事情會比較好。」

在荷蘭 田 的亞森賽道上有著勇猛果敢駕馭風格的鐵人，竟然可以深入淺出地講解一件事情讓我感到不可思議，也許是自己經歷過同樣的問題所以對我目前陷入的困境可以感同身受，我到現在都無法忘記他大方地主動幫我解決問題。

因此我就去參加了在 Zandvoort 賽道上舉辦的比賽，在完全不習慣的賽道上果然警戒心會大作，短時間內也沒辦法追上領先的車輛。

我在腦海中一直回想 Kent Andersson 的一席話，開始發現了一些事情。

為什麼在不習慣的賽道上會害怕而無法提升速度，第一點是因為沒辦法在短時間內掌握每個彎道的速度和類型，還有一點就是跟在這些沒有混戰經驗的騎士後方只能一起降低速度，但是因此可以毫不在意取線的問題配合彎道改變迴旋方向。這難道就是 Kent Andersson 跟我說要慢慢跑的原因嗎？降低引擎轉速之後的確變得更游刃有餘，觀察賽道的方式也不一樣了，心情更加輕鬆起來。

比賽結束後我在思考一件事情。在剛開始踏入比賽的世界時，因為害怕的關係我會使用不容易恐懼的轉速域和油門操控方式。到了可以挑戰全日本冠軍時已經幾乎記下了整個賽道，也熟知該如何攻略，操控方式就變成如何用著接近極限的速度來比賽。結果當我用著這種狀態來攻略看都沒看過的賽道時，會恐懼當然是再正常不過，那麼就像一開始一樣降低轉速，大幅減輕警戒心和恐懼感好了。

但是話又說回來，現在和以前不同，世界級的比賽用我這種不會害怕的操駕方式也行得通嗎？光想就覺得不太可能。

可是之前 Kent Andersson 說大家不會追求理想的取線，而會稍微保留一點操駕空間，換句話說這不就是在講降低騎乘時的風險嗎？這麼說來，在 Francorchamps 賽道上超過我的騎士和摩托車現在想起來好像也沒有用著隨時都會轉倒的速度……

他在畫賽道示意圖給我看的時候，在取線某些部分會稍微改變角度，雖然說是為了保留安全操駕的空間，可是卻都是在剛剛切入沒多久，看起來像是可以銳利地改變迴旋方向，難不成就是這點嗎？

我越想越覺得搞不懂自己在切入時究竟做了什麼。這麼說來我只是照著習慣來行駛，根本談不上操作，跟只是坐在摩托車上沒有兩樣，可是這種高度的技巧對於不是天才的我也能學會嗎？

在這種還留著未解決課題的狀態下，我就此踏上了從瑞典到芬蘭的轉戰北歐之旅。

不要刻意記住賽道，而是要能隨機應變地操駕，我像念咒文似的讓這句話在腦海裡重播，開著麵包車出發。

P096

Kent Andersson

1942年瑞典出生。1966年到1975年在WGP中奮戰。1973、1974年用著自己也有參與開發的125ccYAMAHA廠車獲得世界冠軍（瑞典唯一一人），退役後運用豐富的調教知識與經驗持續活躍。性格熱心助人，在賽車界的人緣也是一等一，可惜於2006年病逝。

雖然是世界冠軍但待人卻無比溫柔的瑞典車手 Kent Andersson，也曾經邀我去他家住過

第十章　向前輩們學習轉向的技巧

（比起把自己推到極限，保留操駕的安全空間才能提升應變能力）

舉辦瑞典 GP 的 Anderstorp 賽道一圈只有 4 km，除了長直線之外，其他八個大多是直角或是有一定迴旋半徑的彎道，相當好記。

但是因為我已經轉換心境，打算重新學習操控摩托車的技巧，還是刻意將化油器的設定調濃一點，讓引擎反應變遲鈍，首先試著使用跳脫 250 cc常識的中低轉速域來行駛。

和騎著 TZ350 在全日本比賽的時候不同，如果把 250 cc的設定調濃，在中低轉速時很悽慘地沒有任何力道可言。

但就算是騎著比 350 還沒力的 250，也不能忘記在比利時 GP 上受到的教訓。因為騎著沒辦法高速行駛的摩托車，這次就沒有被恐懼和警戒心吞噬，在我單純只是在認識賽道、簡單地掌握住每個彎道的重點後，第一階段的排位賽就這樣結束了。

但是在攻略需要長時間壓車的右彎時，法國籍的騎士 Michel Rougerie 突然從我的內側滑了進來，他的左腳頂到我的右手讓我嚇了一跳，雖然在全日本賽事中沒有這種經驗，被擠向外側的我當時還是硬把他擠回去了。結束之後他跑來*拍拍我的肩膀，沒有特別說些什麼，之後也有好幾次類似的情況，但是我當時卻不知道這是 WGP 特有的習慣，拍拍肩膀算是打聲招呼跟人抱歉。

因為是在祖國舉辦的 GP，Kent Andersson 看起來相當忙碌，但他還是抽空來問我：「有問題嗎？需要幫忙嗎？」，我回他說打算全部打掉重新開始，他給我一個看起來相當高興的笑臉。

當然在 WGP 這種頂級賽事中，用著這種慢吞吞的步調來比賽不可能連自己也不著急。但是以前剛開始踏入比賽的世界時，有過太多次的經驗只要當天被嚇到過，一整天的心情就會變得戒慎恐懼，只能提醒自己還是個 GP 新手，所以這也是沒有辦法的事。

*我到現在都還會在一開始先用慢步調來進行操駕，從家裡的車庫出來後一個左小轉彎，然後再一個右小轉彎來確認自己有沒有掌握好平衡。

第二次的預賽終於開始了，這次集中精神在觀察其他人的操駕方式，因為是一條就算被超車也不會一瞬間就跑遠的賽道，不用太勉強也能跟在別人後面，所以可以專注在研究 Kent Andersson 所說的隨機應變究竟是什麼。

這時突然出現在我面前的是人身部品廠商 Furygan 的豹子商標和名字為 DODDS 的騎士車尾，也就是澳洲車手 John Dodds，在比利時 GP 的時候也被他超車過，當時的速度和操駕的順暢感讓我印象非常深刻。

追在他散發著人車一體感的騎乘姿勢的後方，讓我更覺得他技巧高超，而且在攻略每一個彎道的瞬間，都用著讓我覺得不可能的銳利角度轉向、變更行進方向然後進入迴旋階段。

也就是說在彎道路口先刻意改變行進方向，增加安全操駕的空間，拉長加速範圍、最後加速出彎擺正。

而且在維持一定迴旋半徑的右轉彎中，還可以在迴旋的狀態下稍微離開內側一點後又再度往內側切入改變行進方向，從後面看起來感覺就像是在變魔術似的。

到底該怎麼做才能像他一樣呢？完全摸不著頭緒。那樣自由自在地變更迴旋取線，才可以說是操駕摩托車的狀態吧。我用羨慕的眼光看著他揚長而去。

Kent Andersson 上次畫給我的示意圖中，所謂的隨機應變操駕該不會就是這個？但是他已經跑遠了，我沒有辦法，只能照著印象來模仿，在切入的瞬間利用扭動身體來轉動車身，但是卻沒有什麼特別的變化。

在我處於搞不清楚的狀態時，* Tom Herron、Chas Mortimer、Alex George、Jon Ekerold 等等以 TZ250 私人參戰的中堅車手們一台一台地超過我。

不知道是不是彎道內有避難區的關係，每一個車手都減速衝到彎道內較深的地方，然後才開始用著銳利的角度來轉彎，雖然感覺讓沒有像 John Dodds 那麼明顯，但是最一開始會瞬間改變行進方向，然後進入迴旋階段的操駕方式幾乎一樣。連續確認過好幾個人後，好像漸漸地抓到感覺了。

這種在直立的狀態下切入時就要大幅度地轉向方式，感覺好像在攻略髮夾彎一樣。

可是話說回來，Anderstorp 賽道是由許多中速彎道所組成，並沒有髮夾彎。這時我突然想起 Kent Andersson 叫我要「慢慢跑」，所以我刻意降低速度後進入彎道，然後用著要攻略髮夾彎的方式來操控煞車，一邊試著從直立的狀態下直接壓車切入。結果因為速度降低的關係，迴旋取線太過於接近內側，讓我只能慌慌張張地趕快拉直車身，但卻又好像掌握些什麼了。

可是當我又回到原本的速度域，嘗試用著同樣的方式來進彎，一開始轉向的瞬間又不見了。

大型的髮夾彎、大型的髮夾彎，在我一邊重複提醒自己的同時，發現自己在進入迴旋階段時還是像著攻略髮夾彎一樣沒有把煞車放掉。

又不是真的在攻略髮夾彎，所以我配合切入的時機把前煞放掉後，就察覺到摩托車強勁轉彎的瞬間，但是因為我已經習慣了在迴旋初期都繼續含住煞車的操控方式，一開始的時候覺得前輪好像失去存在感，令人感到不安，但這只是有點不協調感而已，前輪並沒有可能會打滑的徵兆、也沒有恐懼感，那麼習慣一下就好了，於是就開始練習這種衝進彎道深處，配合切入的時機放開煞車、不要含著煞車進入迴旋階段的操控方式。

第二階段的排位賽就在這個狀態下結束了，老是做這種練習可能又沒辦法通過排位賽了，但是如果沒有好好學習操駕摩托車的技巧，那我來這種世界級比賽根本沒有意義，所以就硬著頭皮撐下去了。

再加上接下來的芬蘭 GP 又是將一般道路封閉起來的賽道，再怎麼樣我也不要重蹈比利時 GP 的覆轍。都來到歐洲了，一定要把這個「公路賽」變成自己的囊中物，心情上有一半也是為了賭一口氣。

接下來就是第三次的排位，雖然是第一次嘗試的新跑法，但是本質上或者說原理上不變的關係，漸漸地可以跟上前方車輛的節奏，距離也沒有像以前一樣一下子就被拉遠。

而且我在長彎道中發現前方車輛會在中轉速域的狀態下持續進檔。

這是 KAWASAKI 時代與騎著 TZ350 在全日本征戰的時候就已經習慣的技巧，

這個我可以，於是就在彎道中持續進檔。

本來以為只是自己亂弄的遜咖跑法竟然在世界的頂點也通用，著實讓我吃了一驚。含住油門讓摩托車維持不加速也不減速的狀態無法激發出過彎性能，反而陷入不安定的狀況，還不如在富有扭力的中速域就持續進檔，以過彎和穩定性為優先，到了WGP才發現這個操駕方式完全正確無誤。

但是因為喪失了極限操駕的緊張感，我有的時候也覺得自己到底在幹什麼，難不成是來歐洲打混的嗎？但是卻發現單圈秒數慢慢地和其他車手相去不遠了，第三階段的排位賽就在這裡結束。雖然是後段班，但我通過了排位賽，可以進入正賽了。

決賽當天與其說是決賽，倒不如說是延長排位賽的練習時間。賽道的設計單純，讓我有許多閒工夫來嘗試新技巧，就心情來說像是進行了一段良好的學習那樣滿足，再加上回到了一開始比賽時的初衷：如果陷入恐懼和緊張感的漩渦中就沒辦法好好操駕，對我來說也是非常大的收穫。

P107

稍微拍了一下肩膀

到了 WGP 中每一位選手都相當積極，用著同樣的速度一同衝進彎道也不是太奇怪的事情。如果在彼此理想的取線重疊的狀況下進入迴旋階段，那麼彼此的摩托車、膝蓋、手肘就有可能會接觸，就算沒有故意妨礙別人的意圖，在當下稍微壓回去也是無可厚非的事情。刻意為了這種小事情來道歉也很奇怪，所以就會用一種打招呼的感覺拍拍對方的肩膀算是當時的禮貌。只是因為我在日本比賽時完全沒有經歷過類似的事情，所以感到非常驚訝。

P107

我到現在都還會在一開始先用慢步調來進行操駕

就算連在比賽時每周都要騎車的時期，只要幾天沒騎的話，平衡感等操駕手感不會馬上回來。退役後一個月只會騎個幾次，當然沒辦法馬上習慣摩托車，可是身體的感性卻還保留了原本習慣的節奏，這樣一來就會陷入無法順利操駕摩托車的錯覺，要重新適應也需要花點時間。就連現在也是如此，只要開始騎車的時候一定會確認一下自己的身體有沒有僵硬、平衡感有沒有慢了一拍，然後才慢慢提升速度。

P109

Tom Herron、Chas Mortimer、Alex George、Jon Ekerold 等等以 TZ250 私人參戰的中堅車手們

1974～1977 年間，因為 WGP 車輛規範的關係（雙缸六段變速），參加比賽的車款以 YAMAHA TZ250 和 TZ350 為主流，一部分為哈雷（當時義大利的 Aermacchi 為哈雷旗下企業），1977 年開始 KAWASAKI KR250/350 開始加入。這些車款的性能都不相上下，常常會有十幾人以上用著差不多的時間在行駛。除了愛爾蘭、英國、南非、澳洲等國家的騎士之外，法國的 Patrick Pons 和義大利的 Franco Uncini、Marco Lucchinelli 也是一同騎著 TZ250/350 奮鬥切磋的朋友。

第十一章

轉向時釋放煞車的緩急
會改變過彎的角度
但是沒有確實分配重心會降低效果

（利用身體重心可以增加過彎性能、穩定性、還有靈活度）

從瑞典花了一個晚上的時間搭乘大型渡輪來到芬蘭的首都——赫爾辛基。然後再開車前往位於俄羅斯邊境附近的小鎮——伊馬特拉。

集車場設置在小鎮的運動場，因此是在沒有鋪柏油的地上整理車輛，也帶來一絲地方小型賽事的氛圍，但是對於當地的年輕人來說，每年一次的WGP就像祭典一樣，大家都會跑到集車區用稀奇的眼光看GP隊伍進行事前準備。

就算到了夜晚，天色也不會全黑的關係，當時還有一頭栽進整理車輛中，結果赫然發現已經早上的經驗。

同時也漸漸地認識其他車手，可以請教適合這條賽道的減速比等問題，讓心情和精神上都輕鬆不少。

問題在於「公路賽」的壓力，芬蘭GP有著些微高低起伏、但大致上還算平坦的直線路段，然後是小鎮中唯一的彎道，接下來到平交道的彎道間又是平坦的直線，隨後是一個直角彎道和減速用的小型S形彎道，整條賽道只有8～9個轉彎、全長約6km，路線單純的關係，應該不會像比利時一樣陷入五里霧中了吧。

最重要的是第一次的 WGP 讓我發現自己只是被摩托車帶著走。以往都靠著習慣來操駕，所以目前最優先的課題是像其他 WGP 騎士一樣學習靠著自己隨機應變來操駕。

都來到世界頂級比賽了卻感覺自己還是個菜鳥的確是有點奇怪，但是如果不謙卑到這種地步的話，就沒有辦法做好重頭開始的覺悟，而且眼前全部的人都可以拿來當作範本，這麼難得的機會還不虛心求教就太可惜了。

我的目標是追上 John Dodds，除了在瑞典 GP 時看到行雲流水般的操控技巧是其中一個原因之外，對我來說他的動作在許多情況下都是最容易了解的，所以打算在排位賽的時候就排在他後面，仔細觀察他行駛間的操控到操駕的節奏，並且下定決心模仿他。

雖然在瑞典的比賽好像掌握到些許訣竅，可是賽道不同，「公路賽」上不論是操駕的安全空間或是其他部分都有極大的差異。如果在比利時 GP 的時候已經了解到這點，當時應該也不會陷入恐懼的泥淖裡。

比利時賽道也是一樣，所有「公路賽」中都有許多盲彎，如果可以到彎道的深處，就能看到原本被擋住的地方，再開始決定要用多少的角度切進內側，讓一邊判斷狀況一邊隨機應變切入進彎成為可能。

就算在第一次比賽的賽道上也能有著截然不同的應變力，例如和其他車手並排進彎的時候，就算時機稍微慢了半拍、跳脫出原本設定好的方式，終究還是有辦法救回來，對於心境上來說絕對是非常重要的技巧。

Kent Andersson 之前那一席話的意義在這段期間也慢慢地烙印在我的骨子裡。就算在習慣的賽道上，有突發狀況的話反而會有更高的風險，所以即使是在習慣的賽道比賽也需要因應不同的狀況來操駕，不要永遠把自己逼到極限，要稍微保留一點操駕空間。

開始進入賽道。Dodds 老師就像其他頂尖車手一樣，最開始的第一圈只用6～7成的速度。

他的行駛過程感覺收放自如，從後面看可以清楚地知道哪裡是開始切入的地方、哪裡是S型彎道的反向切入點，就好像一邊帶著學生一邊騎乘般的非常好了解，我既不會恐懼也沒有過度緊張地跟上了。

然後當速度上升後，我首先發現的是彼此的車距。公路上鋪設的柏油和賽道上不同，比較容易打滑的關係，騎士都會避免進行太強勁的煞車，可是我卻在切入前就被默默地拉開距離。

一開始的時候我拼著較晚煞車來追回距離，老師則用著上述所說的銳利轉向技巧來切進彎道，但是我卻因為取線外拋的關係，出彎擺正時又被拉遠，好不容易追到長直線上使用彈弓效應來縮短距離，到了下一個彎道時又陷入同樣的輪迴裡。

本來在瑞典的比賽中發現要配合切入的時機一起放開煞車，不要含著入彎，但是為了追上Dodds老師而下意識地重煞，最後讓前輪處於有負重的狀態，無法順利轉向切入。

這是許多人都容易犯的錯誤，感覺好像還可以再衝一點，但是在喪失操駕餘裕的瞬間就會開始慌張。就算提升速度也不能失去冷靜，還是得維持正確的操控，這點意外地沒那麼簡單。

回過神來時老師已經跑遠了，自己一個人冷靜下來嘗試後才慢慢地又可以開始順利地切入轉向了。

但是我發現釋放煞車的時機太早的話，就算順利轉向了，角度也會太淺，而且我還發現可以利用釋放煞車的方式來控制進彎的速度和轉向的角度。

瑞典的比賽因為鋪設的是賽道用柏油，抓地力比較好，多多少少能彌補騎士的操駕，就這種細微的操控差異影響摩托車行進方向的層面來看，在抓地力較低的公路上反而更加清晰，對於在公路賽上才能了解這點的我來說，絕對是件好事沒錯。

回到了集車場後，我把車停在一旁，沒有跨坐上車，並把兩手向前伸，模擬從減速到切入的瞬間進行想像訓練，簡直就像是高中生做在教室的椅子上傾斜椅子模仿騎乘一樣，從旁邊看起來應該相當可笑。

像這樣子操控煞車，在進彎前慢慢地釋放煞車，如果有一定程度的速度時，釋放煞車的方式可以改變摩托車最初改變行進方向的角度等等，我一邊回想剛剛的情況一邊提醒自己。

下一階段的排位賽我還是跟在Dodds老師後面，因為是第二階段的關係，他一開始就用著蠻快的速度，要不能失誤又不能慌張地跟在他身後讓我感到非常吃力，在這條賽道上獲得過冠軍的Dodds在操駕節奏上的確是暢快自然且收放自如。

這時最大的收穫就是觀察到Dodds切入時的姿勢，看起來像是將重心分配在腰部上、壓低身體並且增加後輪的過彎性能，相較於此，我的取線就比他的取線還要更大一圈。

從後面看起來的感覺上好像是在攻略上坡彎道的騎乘姿勢，我靠著直覺來模仿看看。

富士和鈴鹿賽道中的上坡彎道算是我擅長的部分。在不斷延伸的彎道中持續加速會讓人不自覺地施力抓住龍頭，上半身也會稍稍前傾，這樣一來會讓後輪慢慢地朝外側甩動。

所以還不如放任龍頭自行製造舵角，不要抵抗加速反作用力，順勢將體重分配到後輪上，可以擠壓輪胎增加抓地力，同時避免過彎時取線外拋，這時如果將腰部稍稍移向內側並且壓低身體的話，還能得到更安定的迴旋力。

我從來沒想過在中低速彎道時也能採用這種過彎方式，但是過彎性能明顯不同的關係，我還是試著模仿看看了。

結果在維持關閉油門的狀態下從切入階段進入迴旋階段時，摩托車感覺像是被拉進內側一般的安定過彎，進入加速階段時雖然前輪在一開始的抓地感稀薄，但是進檔的一瞬間，前輪產生突然著地的回饋，安定感大幅提升，摩托車也強勁地過彎，令我相當感動。

因為原本我只會交給摩托車或是交給輪胎來自行轉彎，除了上坡的高速彎道之外，我從來沒有試過自己輔助摩托車過彎，所以有這種結果簡直是讓我大開眼界，接下來則是深痛自己竟然到現在才知道什麼叫做操控摩托車。

至今為止我都盡量不要主動讓自己的動作去影響摩托車，雖然說在切入時不要去對龍頭施力是絕對要避免的問題，可是現在卻發現不是所有動作都不可以，等於是對意識形態進行了大改革。

在全日本比賽的時候，成績好的騎士都騎著廠車，就算講什麼也只會讓人先入為主覺得是車輛比較好的關係，當然我還是會羨慕他們的技術和可以毫不畏懼的個性，但卻不會想在他們身上模仿什麼。

同樣騎著 TZ350 的對手也大多為並駕齊驅的狀態，所以也不會想要參考別人怎麼跑。而且彼此的差異性也不大，都用著大同小異的速度和模式在行駛，雖然不是每個人都這樣想，但當時的我也是井底之蛙的其中一員，覺得比賽不過就是這樣。

經歷過數不清的比賽、一邊迴避風險一邊提升熟練度的老鳥究竟有多厲害，如果沒來參加 WGP 我也不會知道。

第三次的排位賽我也跟在 Dodds 老師的身後，學習分配體重的時機、加重時的速度增減，還有彎曲背部呈現駝背的姿勢可以增加後輪負重等等，雖然說有些動作模仿後不會馬上感覺到效果，但讓我發現其實坐在車上時還是有很多事情可以做。

然後在接下來的正賽中為了不要摘掉意識改革的嫩芽，我盡可能地提醒自己要冷靜操駕，雖然還有許多不甚了解的地方，但是我努力貫徹隨機應變的操控方式。

因為我自己是個膽小鬼的關係，追求極限操駕總是會讓我感到害怕，就算是在全日本的比賽中獲得冠軍的賽季也是如此，所以隨機應變地操控摩托車也許正好就是我所欠缺的部份。

在參戰 WGP 的第一年，於比利時、瑞典、芬蘭賽道上發現這點可以說是我的重機人生中最大的轉機。

當然不可能在這三場比賽中就把所有技巧都精通。因此隔年我也繼續挑戰 WGP、1977 年開始我拖著一台露營車完整參戰 WGP，隨著比賽次數增加，我自己漸漸也有同樣的感觸。在反覆的嘗試和失誤之中，慢慢地將這些技巧變成自己的東西。

有的時候也還是會被小小地嚇到、或是被捲入多重衝撞而摔車，對於標榜不會恐懼、安心操駕的我來說已經數不清有多少次因此陷入低潮，因此讓我更了解前輩們所說的應變力的重要性。沒有來到 WGP 不會知道，甚至是說到了這裡才能更了解摩托車。在這種環境下，我的操駕風格每年都在改變，遇到問題的時候除了運用經驗和直覺之外，學習使用邏輯來解決問題比什麼都還重要。

和以前只是被摩托車牽著鼻子跑的狀態不同，轉戰 WGP 時所學習到自己控制摩托車的技巧大致上可以分成三種。

第一種是在最初的三場比賽中發現、可以在切入的瞬間自行控制摩托車轉向角度的操駕方式。也就是利用釋放前輪煞車的技巧，但是更重要的是發現這個時候如果還含住煞車的話會比較難以運用，中間的過程必須循序漸進地釋放，到最後完全解放。

其實各位只要稍加實驗就不難發現，在摩托車直線行駛的時候關閉油門，或是在摩托車稍稍傾斜的時候輕點前煞拉桿，就可以發現摩托車會慢慢擺正。因為前叉後傾角、以及刻意將前輪接地點與轉向軸錯開的設計，會讓摩托車擁有維持直線前進的特性，還有讓前輪更容易追隨車身傾斜產生舵角。可是煞車時所產生的負重會加強直線行駛的性能，因此產生一股讓車身直立的反作用力。

在這個反作用力加諸於摩托車上時突然將前輪煞車放開的話，車身會變得更容易傾斜，同時前輪的反應也會變得更加靈敏，這就是釋放煞車切入進彎的原理所在。想要促進效果，重點就在於騎士的重心位置。利用煞車產生反作用力讓車身擺正的階段中，騎士就算先將體重分配在內側，摩托車還是會維持直線前進的狀態，一旦放開前輪煞車，車身就會輕快且銳利地傾斜，一邊改變行進方向一邊進入迴旋階段。

如果用手臂拉扯龍頭、或是扭動腰部讓車身傾斜，老實說車身不會有太大的反應，我在雜誌《RIDERS CLUB》上也教過先把側柱踢出，讓摩托車傾斜的時候有東西支撐，然後請一個朋友從後方扶住車身，如果想用拉扯龍頭或是扭動腰部往左側傾斜的話老實說車身不會有什麼特別的反應，但是內側肩膀往上抬後再下沉就會有明顯的差異。

將身體重心向下移動是讓車身傾斜最有效率的動作，這點就是最好的證據。雖然大部分的人會誤以為左、右橫向移動重心才是讓車身傾斜的最佳方向，但是實際上不是左右橫向移動，而其實是往下移動，知道這點的人並不多。當我了解之後就積極嘗試利用身體來移動重心，也證實了往下移動重心帶來的效果比起橫向移動更有效的事實。

實際在操作煞車時可以先將肩膀到側腹慢慢接近內側的感覺移進內側，釋放煞車的時候不用特別做什麼動作就能自動迅速傾斜車身，同時改變行進方向。

剛開始還不習慣的時候先不要一口氣深度壓車，限制在 20 度左右的壓車幅度可以更快地掌握切入契機的訣竅。

另外在釋放煞車的時候，一口氣完全放開雖然會有銳利的切入反應，但是轉向的幅度較小，適合高速且大於 90 度以上的和緩彎道。如果是低速且刁鑽的髮夾彎，那麼延長釋放煞車的時間可以讓轉向的角度更深。

如果是位於這中間的速度或曲率的彎道，那麼改變釋放煞車的方式則能進行調整，可以多加嘗試看看。

在複合式彎道也可以應用這個技巧。在彎道迴旋的途中，如果發現彎道突然又變刁鑽的話，可以先輕輕點一下前輪煞車，讓摩托車稍微擺正，隨後馬上放開煞車的話，摩托車的行進軌跡又會再度折進內側，在瑞典賽道上看到 Dodds 老師施展的就是這個技巧。

摩托車是迴旋轉彎的載具。而且一旦開始進入迴旋階段後，就算中途加深壓車傾角，摩托車的行進軌跡也不會有太大的變化。

在芬蘭 GP 的伊馬特拉的街道上拼命追趕 John Dodds 的身影，雖然從老手的身上看出操控的端倪，試著模仿看看。但體重卻跑掉了…

也就是說，摩托車過彎的方向和軌跡在切入的瞬間已經大致決定了。就這個層面來說機會只有一次，所以一邊轉向一邊切入的技巧對於騎士在操駕摩托車上可以說是非常關鍵的一點，也不難想像在複合式彎道中可以小幅度地更正行進方向對於操駕有什麼樣的效果了。

只是在路面抓地力較強、或是重煞的狀態下對龍頭施加多餘的力量時，會妨礙摩托車原本的動作，反而更難體驗到切入轉向的效果。因為需要纖細地操控，所以不如將壓車傾角限制在 20 度以內，集中在切入時的反應會更容易掌握箇中關鍵。

攻略 S 型彎道中需要反向切入時，也可以在往左側壓車的狀態下輕點前煞，利用讓摩托車擺正的反應來當作接下來向右切入的契機，更能避免在連續 S 型彎道中左右蛇行，最後連過彎節奏都被打亂陷入慌張的窘境裡。也就是說要將 S 型彎道分割成一個個獨立的彎道，在每個路口進行切入轉向的技巧來逐個攻破。

如果把這種在切入的瞬間進行轉向的技巧學會的話，就能有著自己可以隨心所欲控制摩托車的安心感，在騎乘旅遊時碰到沒騎過的山路也能毫無不安地享受騎乘樂趣。

順帶一提，有一段時期流傳著利用重煞產生強勁的點頭效應可以讓前叉後傾角變直立，可以更容易地切入進彎。但事實上含住煞車，維持前輪負重的情況下進彎，就算前叉後傾角完全沒有改變，也會提高轉倒的風險，更別提到最後還死命地扣著煞車，這樣就算在高速的比賽中也沒辦法順利轉彎。

接下來第二點和上文所提及的切入轉向的狀況也有關聯，那就是摩托車在過彎時原則上都是以後輪為中心。

像當時 WGP 這種將一般公路封鎖起來舉辦的比賽有著極為嚴苛的環境，舉例來說，進彎前的路面如果有小幅度的起伏時，倘若後輪沒有找到咬住地面的時機，那麼就無法順利地切入進彎，讓我深深感受到後輪在摩托車行駛有著極為重要的地位，切入時也是以後輪為主軸，從迴旋到加速出彎擺正也是以後輪來決定行進方向，所以騎士如何去感受後輪就是相當重要的事情了。

摩托車前、後輪之間的關係，作為驅動輪而固定的後輪就像是獨輪車一樣會朝著傾斜的方向轉彎，前輪則是在後輪傾斜時會轉向，以同心圓的軌跡在後輪外側迴旋，簡單來說就是擔任支撐棒的角色。

作為支撐棒的前輪，抓地力當然重要，但是觀察新款摩托車時可以發現前、後輪的寬度有極大差異，就代表了前輪並不是以需要大抓地力為前提所設計。

順帶一提，從1970年代到最新款的摩托車，前輪的寬度有實驗性地短暫變成16吋的時期，那時有一口氣變寬一些，除此之外，這50年間前輪的寬度沒有什麼太大變化。

MotoGP等比賽中，在出彎擺正加速時常常會聽到Push Under這個解說用語，代表後輪因為強大的驅動力開始往外側滑動，為此前輪也被拉著一起往外側甩動的意思。

為了利用前輪的抓地力來彌補這個問題，曾經有段時期有實驗性地將前輪變寬，但為什麼後來又放棄了呢？因為前輪在切入的過程中，最優先的事項是自然地追隨著後輪傾斜而轉向，並且不要給予騎士不協調感，所以在輪胎斷面形狀和被稱作簾布層、可以柔軟地追隨地面的內部構造更加重要。

也就是說，在迴旋時維持抓地力和行進路線的主角是後輪，前輪只不過是讓行進路線穩定的輔助配角罷了。

在切入時的轉向也是這樣，重點不在於如何迅速地讓後輪轉進彎道內側，而是當後輪開始轉彎時，騎士要盡可能地不去妨礙前輪的動作，讓其自然地追隨後輪轉向，這點才是最重要的部分。

直到參戰 WGP 之前，我從來沒有想過後輪是所有轉向的軸心，現在卻深深體悟到越是嚴苛的賽道，後輪能否牢牢咬住地面就是順利過彎的決定性因素。

以連續彎道來舉例，如果只注意要重複左右切入的話，那麼就可能瞬間脫離原本的取線。這時車身只會朝著後輪面對的方向前進。但只要維持下盤穩定，上半身包含體幹都集中注意在控制後輪上的話，就能避免摩托車離開原本設想的取線。

所以第三點其實就是如何利用體幹來移動重心，讓車身維持穩定。跟在許多前輩後面，發現許多人都會利用身體移動重心輔助摩托車過彎。

相較於此，我就只是單純坐在座墊上什麼也不做。原本以為操駕摩托車就是不要靠蠻力，平順自然就好，但是在學習切入轉向的過程中，我慢慢了解到移動重心操控摩托車的重要性，而且不是施加力量，而是利用體幹來輔助車身過彎，發現這樣更能激發出摩托車的迴旋力和穩定性。

當車身開始傾斜切入時，以腰部為主，讓側腹以突出靠近內側的感覺彎曲，在這個狀態下讓身體以向下的方式脫力，身體的重心自然就會移到內側較低的位置，可以從切入的過程開始加強後輪的抓地感，更有提高車身迴旋力的效果。

這邊的重點就是脫力。不單單只是懶洋洋地放鬆力量，而是讓身體朝著想要移動重心的方向進行脫力。

這時與座墊接觸的臀部如果大幅往內側移動的話，那麼最重要的就是讓外側大腿牢牢緊貼座墊，如果不夠緊貼的話就會下意識地施力，結果讓體重無法順利分配在後輪上。

接下來利用體幹將重心移動到內側下方時，外側大腿的部分只是當作一個支點，也是騎士與摩托車連結的重要部位，所有動作都要在負重的狀態下進行。

換個方式說，如果覺得摩托車有不穩的反應時，只要確實地讓大腿緊貼座墊，就能牢牢抓住車身，冷靜地操駕。也就說為了不要陷入不安的情緒，這點也是不可或缺的重要因素。

另外在攻略S型彎道中的反向切入或是複合式彎道，可以和前輪煞車一併使用，利用體幹加強負重後順勢脫力，就能平順且迅速地轉移到下一個動作，只要嘗試過就會了解。

還有一點我到現在都無法忘記，那就是在WGP時第一次從後面看到別人的騎乘姿勢，好像每個人都有點駝背，讓我感到奇特。

當時沒有脊椎護具，背後沒有理由會鼓起，所以只能推測大家是用著些微駝背的姿勢在騎車，跟著Dodds老師後面行駛的時候也有模仿過，結果發現這也是利用體幹分配重量中一個很重要的因素。

我簡單地說明一下現象，如果是背部打直的狀態壓低上半身，在高速行駛時車身的前後會慢慢地向外滑動，有一點轉向不足的感覺，但是因為穩定性高的關係，不太容易影響操駕，可是如果用著把肚臍吸入小腹的感覺縮小腹、駝背向後移動腰部，卻有助於提高後輪在迴旋時的抓地力，也能加強因為驅動力而產生的循跡力，讓迴旋時更加穩定。

另外在關閉油門、朝著彎道內側迴旋的時候，這個駝背的姿勢比較能讓車身以後輪的接地點為軸心進行迴旋，車身包含前輪會感覺像是被拉近內側一般，而且會比其他騎姿更加穩定。

習慣之後就可以在不同情況中運用，例如增加前輪負重刻意讓自動轉向變得較為遲鈍，在攻略迂迴的彎道時可以讓迴旋更加穩定，或是在後輪轉向的時候將重心放在迴旋軌跡內側，這樣一來可以縮小中低速彎道中的迴旋半徑，使用各式各樣的組合來隨機應變地攻略彎道。

像這樣子不依靠蠻力，而是利用自己的身體有效地加重或是拔重，可以提升過彎性能或是讓車身更加安定。反過來説也可以利用車身一瞬間的不穩定迅速產生動作，在不習慣的賽道上控制摩托車是非常重要的因素，這點我在WGP中有著深刻的體悟。

當時WGP的公路賽還有南斯拉夫的Opatija、捷克的Brno，雖然沒有避難區讓人相當緊張，但我學會了在容易打滑的路面上不要深度壓車、著重切入轉向的操控方式，隨後在奥地利的Salzburgring賽道、德國的Hockenheim和Nurburgring賽道、法國的Paul Ricard賽道、英國的Silverstone、Brands Hatch、Mallory Park賽道，還有義大利的Imola和西班牙的Jarama賽道等許多雖然是第一次比賽的地方，卻也能馬上習慣，跑出還算可以的成績。

而且用的都不是以前那種累積練習熟悉賽道的方式，而是依照狀況隨機應變的結果。

事前頂多看一下賽道圖，注意一下哪裡有髮夾彎，也已經不會刻意去背賽道圖了。一開始先不要提高引擎轉速，持續進檔維持在中速域，以這時所描繪的行駛取線為基礎，進彎後看著前方依照狀況改變轉向角度，第三圈再開始提高轉速，調整出彎加速時的角度，這樣大概就 OK 了。

1977 年的賽季結束後，日本的比賽單位邀我回到全日本的最終戰——鈴鹿賽道上跑看看，騎乘的是我從歐洲帶回來的摩托車，和以前所謂的公式，也就是該在這裡換檔、這裡切入的行駛模式完全不同，我自己也吃了一驚，完全像是在跑不同的賽道一樣。

摩托車也和市售狀態完全不同了，簡單來說就是易於操控，讓騎士更容易掌握摩托車狀況的設定，明明是以前非常熟悉的鈴鹿賽道，但是卻有著完全不同次元的行駛方式。

那麼騎乘技巧的成長就到這裡結束，接下來就來聊聊我在 WGP 時所學到之如何讓摩托車更好操駕的知識吧，其實這點和不會恐懼、安心操駕也有相當密切的關係，只要讀過就應該可以了解，請一定要參考看看。

切入時的訣竅在於
重心不是橫向，而是向下移動

在壓車切入的關鍵處如果轉動龍頭或是扭動腰部其實不會有什麼作用，重心不是橫向，而是要往下移動才能讓車身瞬間傾斜，想要確認這種感覺，可以兩人一組，請朋友在後方扶正已經把側柱踢出的摩托車，騎士先把左肩上抬，然後瞬間讓其下沉應該就會感到效果，互相交換後更能掌握箇中的差異

全日本比賽中學會的記憶賽道到了 WGP 上完全沒用，另用切入轉向的技巧並且拔重來增加循跡力，就算想要模仿 Dodds 老師，但是還沒辦法自由自在操駕的關係，全身都還有施力的不成熟狀態

在瑞典 GP 為了讓自己可以隨心所欲地控制摩托車，決定從頭到尾打掉重練，不去在意比賽結果，專心觀察其他車手的操駕動作並且反芻，如果沒有這樣做的話就不會有現在的我

第十二章　為了安心感而專注在過渡特性的時代開始了

（讓騎士易於操駕的特性是最重要的課題）

在我征戰 WGP 的時候，騎著動力最強的廠車在 500 cc級距中奔馳的頂尖明星騎士有：YAMAHA 的 Giacomo Agostini 和 Kenny Roberts、MA AGUSTA 的 Phil Read、還有 SUZUKI 的*Barry Sheene。

可能因為我是從日本遠渡重洋過來私人參戰的緣故，大家都有過來和我閒聊，其中又以 Barry 和我感情最好。

我還在全日本比賽時，原本 KAWASAKI 的隊長安良岡健先生後來移籍到 SUZUKI，Barry 來日本測試車輛的時候，他跑來說「我記得你的英語不差」，請我帶他導覽東京，所以當時就已經是意氣相投的友人了。

有一天 Barry 到集車場對我說：「可以麻煩你幫我跟日本的工程師和技師解釋一些事情嗎？」

我一邊說：「原來是翻譯阿，這我沒自信耶。」，一邊跟著他來到了 SUZUKI 廠隊的帳篷，然後 Barry 開門見山地說：「我想麻煩你跟他們說明什麼是過渡特性。」

過渡特性的英文原詞是Transient，中文直譯是「短暫、暫時」的意思，Barry想要我說明的就是這個。

他繼續解釋：「例如引擎轉速從中速域上升到動力輸出峰值的轉速域時，動力輸出會變得銳利，我想要讓這種變化從現在的狀態到下個狀態都維持一模一樣的感觸。」

也就是說想讓中速域時的動力提升，這樣可以更平順地銜接高轉速域時的動力？這種事情應該不需要我也能清楚地向工程師們說明吧。

在我向他確認的時候，等候在一旁的日本工程師緩緩點頭，應該是認為讓中、高轉速域間的動力輸出更加接近的設定並非不可能吧。

「不是不是，我不是指性能曲線。我要的是在轉開油門的時候不需要繃緊神經去留意引擎反應，也就是說不需要小心翼翼警戒就能平順地轉開油門從中速域拉轉進入高轉速域。」

那就是化油器的設定？刻意在中、高轉速域間保留一點轉速差的話應該也能解決才是……

「工程師們現在讓廠車的油門開度和引擎的動力輸出反應擁有完美的比例。但實際上不需要，我只需要在轉開油門後，再維持一定的變化率，不要從一開始就有著完美比例，這樣在操控時更容易理解。」

所以才叫做過渡特性。雖然我花了一番功夫才讓工程師們用日語了解什麼是過渡特性，但從結論來說就是這個意思。

油門從全閉轉開的瞬間，不論在低轉速域、中轉速域、高轉速域都有著間不容髮的反應。但是接下來在彎道中，實際上所使用的動力到達想要運用的循跡力為止，每個轉速域間的差距太大了。

我試著努力向工程師解釋，GP 騎士追求的是銳利的反應，也希望動力輸出峰值的性能比其他對手還要高，但是他現在的問題在於動力到達頂點的時間，工程師們露出疑惑的表情。

因為自己也不是非常了解的關係，我請 Barry 實際一邊轉開油門一邊說明。

結果他的動作是先在油門全閉的狀態下一口氣轉開 1/4 左右，然後再花不到一秒的時間平順地將油門全開。

嗯?這種操控油門的方式跟我好像耶。原來如此，在全閉的狀態下轉開油門，車身雖然會往前移動，但是當得到輪胎咬住路面的感觸，想要大手油門加速時，每個轉速域間的反應卻有的銳利有的遲鈍，所激發出的扭力和馬力差距過大。然後在接下來打算全開油門時，中轉速域在一開始的反應太弱、太慢，產生循跡力的效率不佳。可是到了高轉速域時又反過來太強，變成容易打滑的狀態，應該是這回事吧。

因此我也試著轉動油門向 Barry 重新確認。

他一邊瞇著眼睛說：「沒錯沒錯，就是這種感覺。」然後再重複說明一次。

這讓我相當震驚。雖然我不認為 Barry 和我一樣是個膽小鬼，但是簡單來說，在彎道中加速時不需要繃起神經過度注意引擎的反應，而是可以順利自然地在後輪咬住地面之後產生循跡力，也就是想要消除警戒心，專心在過彎操駕上，就某種層面來説跟我想的幾乎一樣嘛。

我再用更簡單地方式説明一下。來到 WGP 後發現大家不會特別講究要細膩地控制油門。大家都用著類似的操控方式，就像 Barry 一樣，從全閉的狀態下一口氣轉開 1/4 左右的油門，當掌握到後輪咬住路面的感觸時，再一口氣大手油門，這種感覺從後面聽排氣音浪和引擎聲音就不難想像。

真要講的話，其實彎接近我一直以來「轉開油門等待出彎」的操駕方式，不要在全閉的狀態下慢慢轉開油門，而是先一口氣讓引擎吸入較濃的油氣。

為什麼要這樣做呢?因為從全閉到轉開油門的瞬間，如果送進較稀薄的混合油氣時，引擎的反應會過於尖鋭，這點我不喜歡。而且再加上這一瞬間的反應結束後，本來在後面應該隨之出現的扭力和馬力也會延遲，最一開始的加速反應反而變成一種干擾，但是只要先迅速大幅度地轉開油門，就能略過這個令人討厭的階段。

在大手油門之後，只要等待馬力和扭力激發出過彎時最重要的循跡力，然後再依照狀況調整油門，當時的 WGP 是以這種操控方式為主流。

當我仔細地和 Barry 確認完狀況，詳細地和工程師解釋後，甚至跟他們表示就某個層面來說 Barry 不需要那麼纖細的油門操控，他們卻沒辦法馬上理解。

這也不能怪他們，其實當時的日本對於油門操控還沒有這個觀念，化油器的進氣速度會隨著轉速域改變，想要讓油門開度在每個轉速域下都有同樣的反應，因為構造的關係，本來就會有極限，所以要靠騎士自己轉開油門控制想要的油氣，對於他們來說已經變成一種常識、也是頂尖騎士應該要會的技巧。換句話說，騎士們應該都會要利用油門來巧妙地控制引擎點火。

所以我們以前都會含住油門進彎，在切入後的迴旋初期，維持一定的油門開度，讓車身不加速也不減速，有著沒有加速的排氣音浪，然後再開始出現加速的聲音，這點是長期以來的慣例。

但是在我參戰時的 WGP，基本上都聽不到這種含住油門的聲音，只會有關閉油門或是打開油門兩種，和以前的操控方式完全不同。

最大的理由是引擎的動力輸出帶變廣，變成運用中速域扭力激發循跡力來強勁過彎的跑法。

Barry 想說的是，在考慮是否需要纖細地控制油門之前的加速狀態中，希望以維持一定的特性變化為優先。

也就是說將廠車變成有著能更加安心操控的特性，可以集中精神攻略彎道的車輛會有更高的戰鬥力。

人類本來就是一種當增減有著一定規律時，就可以安心操控的生物。但是這當中某處的變化變得無法掌握時，就會開始警戒，不得不繃起神經，也就無法完全信賴摩托車了。

所以 Transient，翻譯成過渡特性的設計才會這麼重要，而且過渡特性追求的是平穩、自然、讓騎士的感性更加容易熟悉。

在世界的頂點操控最強廠車的頂尖騎士，常常會給人需要控制桀傲不遜的坐駕的錯誤印象，但事實上完全相反，廠車必須打造成不需要戰戰兢兢，可以集中精神操駕的特性。

剛好我在挑戰 WGP 的初期，也是注重易於操駕的過渡特性的萌芽期。

對於膽小鬼的我來説，置身在許多於日本無法學到的知識的環境中，WGP 可以説是賽車的名校也不為過。

P144

Barry Sheene

1950 年出生的英國車手。1976、1977 年騎著 SUZUKI RG500 廠車奪下世界冠軍。之後為了想照自己的意思比賽而換成 YAMAHA 的市售廠車參戰，獲得和 Kenny Roberts 同樣的車輛，從其他人看來感覺好像繞了一大圈，但是因為小蝦米對抗大鯨魚的戲碼深受大家喜愛，他也有極高的人氣。獲得冠軍之後，當時可以在下一個賽季使用 1 號，但是他自己堅持 7 號的關係，7 號和唐老鴨圖案的安全帽就變成他的正字標記。是一個閒不下來的人，對於機械結構相當有研究，另外非常喜歡自己的廠車，退役後也有收集自己廠車的癖好。對任何人都非常親切，從 50cc 級距開始獲得許多人和車廠的信賴，也經常被委託和 FIM 或主辦單位協議安全問題。退役後移居澳洲，於 2003 年因為癌症去世

Barry Sheene 有著勇敢的操駕風格，但事實上卻會纖細地追求設定要符合人類的感性，也讓我發現所謂的過渡特性

1977 年完全參戰。而且是 250 和 350cc 的比賽都報名了，活用兩年間學習的技巧以一位 GP 騎士的身份競逐冠軍

和常常領先的 Tom Herron 還有剛開始挑戰的 Kenny Roberts 一起準備進入賽道

第二年開始柳澤雄造開始加入，不管是車身或是引擎都完全不同了

拖著一台露營車在集車場設營是當時許多私人參戰騎士的風格

第二個賽季開始漸漸掌握了利用體幹負重、拔重，騎乘姿勢明顯和以前有了差異

引擎的內部構造和避震器已經和原廠完全不一樣，也第一次嘗試光頭胎

第十三章　反下蹲角的設定更容易轉開油門

（後輪擔綱主角的範疇擴大）

當時的WGP除了引擎的最大性能之外，也開始重視中速域的過渡特性，提升過彎操控的潛力，原本是以DUNLOP為一枝獨秀的輪胎供應商，後來MICHELIN和GOODYEAR也加入戰局，也多了許多願意在懸吊、輪胎等簧下零件花功夫的隊伍。

在這股風潮中開始興起了藉由調整搖臂鎖點的位置來大幅增加反下蹲角效果的設定。

應該有許多人都誤以為摩托車在加速時後輪避震會收縮下沉，因為在加速的時候，後輪的確會因為加速反作用力的關係增加負重，產生一股後輪咬住路面的感覺。

但事實上這是因為前叉回彈的關係，才會相對地讓人覺得後避震收縮下沉。如果後輪避震在加速時會收縮的話，摩托車在彎道中開始加速的瞬間會產生一股讓後輪離開地面的作用力，讓摩托車變得更容易打滑。

所以實際上反而會讓後輪往地面擠壓，也就是設定成讓後避震在大手油門加速時回彈。

連接位於引擎側的前齒盤和後輪旁的後齒盤的鏈條，在加速時會產生拉扯的力量。

因為施力點和位置的關係，這股力道會容易讓後避震往收縮的方向移動，但是只要將搖臂的支點、也就是位於車身上的鎖點向上移動的話，就算鍊條因為驅動力而被拉扯，力量也會因為朝著下方的鏈條移動。

這就是所謂的反下蹲角，也就是不讓車尾下沉的設定。最近的超跑都會在搖臂上面加上一塊橡皮或是塑膠零件，防止鍊條直接磨擦搖臂，這是因應搖臂鎖點上移而生的對策，更能當作反下蹲角設定極為重要的證據。

但是到 1970 年代為止，日本製的摩托車還沒有動力兇猛的大型重機出現，所以在搖臂鎖點的位置關係上，頂多是設定成不會因為驅動力下沉，也就是搖臂不會被鍊條拉扯而移動。但是大型重機的領頭羊 TRIUMPH 等歐美車廠在 1950 年代時就已經開始利用反下蹲角的設計，讓後輪加速時會向下移動黏住地面，不過日本車廠好像還沒有這個層面的知識。

但是對於 WGP 的比賽來說，就如同 Barry Sheene 所追求的引擎特性一樣，在彎道中加速時的瞬間如果可以產生抓地力的話會更好操控摩托車，為了繼續維持強勁的循跡力效果，車廠開始嘗試增加反下蹲角的設定。

最具象徵性的特徵就是外觀，可以發現後輪避震變長，座墊的位置也變高了，如果仔細觀察當時過彎的照片，會看到搖臂的下垂角度，也就是搖臂不會和路面平行、斜斜向下的角度增加，就會被評論為是一台比較適合過彎的廠車，沒有深究其中原理。

這是因為藉由換上比較長的後避震，讓當時比較不好變更的搖臂鎖點相對地比後輪車軸高一些，讓鍊條因為驅動力的關係而拉扯時可以產生讓後輪向下移動的效果。

不斷擴大的結果就是讓身高 170cm 左右的騎士在停車時兩腳無法接觸地面，不管是最新的廠車或是市售超跑的座高都不低，成了小個子騎士的煩惱了。

如果要說為什麼會變成這樣，摩托車在攻略高速彎道時，後輪避震會因為轉向力的關係而深深地下沉，這樣一來和搖臂鎖點的位置關係就無法產生反下蹲角的效果，所以不得不繼續延伸後避震的長度。

也就是在循跡力產生的關鍵時刻，讓後輪有時間慢慢地擠壓路面，這當中所產生的時間差就像引擎的化油器設定一樣，可以讓騎士在感性上更容易熟悉。

這麼一來騎士除了在轉開油門時不需要太過於神經質之外，劇烈的驅動力所產生的震動不容易傳達到輪胎上，也因為慢慢地擠壓輪胎的關係而有助於提高抓地力。

1977 年開始我除了原本的 TZ250 之外，還用以前在全日本比賽時騎乘過的 TZ350 雙料參戰 350cc 的比賽，從旁看著這些演進的我就在動力更大、比較容易打滑的 TZ350 上採用了剛剛所說的反下蹲角設定。

只不過當時的 TZ 系列在後輪避震的設計上採用了類似越野車的構造，讓長長的後避震連接搖臂上半部和轉向頭，要改造這種避震老實說不是簡單的事情，但是藉由這個構造來抑制後避震快速下沉的話，可以解決路面追隨性惡化、座墊上下晃動、在高低起伏多的賽道上或是連續彎道中欠缺穩定的問題，不過我還是決定換掉整個避震器結構。

那就是在車架的搖臂鎖點上方加裝一個被稱作鐘形曲柄的三角板來連接後輪避震。這麼一來也有助於讓避震器的行程變成二次曲線，產生漸進式的緩衝效果。

SUZUKI 的 RGB500 也將兩根長長的雙槍避震與車身固定的位置向前移動，讓避震器往前傾倒，使其行程不會在高速彎道的高負重下突然沉底，賦予避震器以二次取線的方式作動，產生漸進式緩衝效果，當時可以說是進入了避震器改革盛行的時代。

我和作為隨隊技師一起完全參戰 WGP 的柳澤雄造嘗試過許多設定，到了歐洲第二年後，雖然說是用著市售仿賽車參戰的私人隊伍，但是整台車只剩下基底而已，從引擎內部到懸吊系統，最後連車架都考量過各種優點後才打造出屬於自己的原創款式。

雄造其實是以前和我一起在 KAWASAKI 的經銷商隊伍內一同參加比賽的夥伴，和膽小鬼的我不同，是一個馬上就能用著難以置信的速度馳騁在賽道上的天才騎士。他在退役後做起了自己的生意，開著一台小貨車到處幫人修車，並且也幫報社維修摩托車等機械，反正性質都一樣，我就邀他陪我到歐洲來擔任隨隊技師。

我們為了改善 TZ350 在比賽後半段容易熱衰竭的問題將曲軸水冷化、作為活塞邊緣因為不完全燃燒的關係而溶解的對策，改裝了燃燒室、換上兩根口徑比較小的火星塞、替換成 Mahle 製的連桿，高轉速時也能產生扭力，曲軸的培林則是向德國的 FAG 專門訂製，讓轉速可以稍微超越 10000 轉的上限來到 13000 轉、引擎換上橡膠的固定零件，降低來自路面的衝擊和震動，並且還追加了 Torque arm 來強化固定等等，已經完全和原本的設計不同，全部都是嶄新嘗試的痕跡。

再加上兩年前擔任過 YOKOHAMA 輪胎的開發騎士，技術部門的主管因為覺得有趣的關係也讓我參與了設計，研發出適合在 WGP 中使用的輪胎，胎壁的設計上比起極限操駕的性能，更著重在過渡特性，也是日本隊伍中第一台前後都使用光頭胎的人。

順帶一提，雄造有過一段以 YUZO Chamber 的名字響徹 WGP 的時代，他在我們轉戰 WGP 時，幾乎每一場比賽都會配合賽道特性打造出專用的排氣膨脹室。駕車移動時他會在車內設計膨脹管的展開圖，到了集車場後就著手切割鐵板，並且開始焊接的身影我覺得在 WGP 中也是特立獨行了。

回到正題上。多虧了有著漸進式緩衝的懸吊特性，前叉不會一瞬間沉底的關係，大幅增加了回彈側的作動範圍，還有最重要的是增加搖臂反下蹲角的設定，這個賽季有著可以安心大手油門的引擎，彎道中可以迅速激發出循跡力的效果，讓車身有著極高的過彎潛力，讓我可以在樂趣中積極操駕，第一次挑戰的賽道在第一階段的排位賽中就獲得第 10 名的成績。

只不過運氣不好的是在德國的霍根海姆時因為流感發高燒，身體狀況不佳的關係沒辦法獲得期待的戰果，隔一年的賽季雖然也繼續挑戰，但是因為沒有獲得贊助，半吊子的參戰感覺上連目的都模糊了，所以決定中止比賽。

經歷過四個賽季，對我身為騎士的技巧帶來飛躍性的進步這件事已無須多言。連恐懼和害怕都已經順利克服了？沒有這回事，身為膽小鬼的事實完全沒有改變。

只不過在 WGP 中比賽的頂尖騎士們其實對於風險控管也相當神經質，也許正是因為如此才有辦法屹立於頂點吧，雖然和我的水準不同，但基本上知道大家在操駕時同樣會恐懼這件事情對我也是種鼓勵，這當中所得到的收穫更是至今難以忘懷。

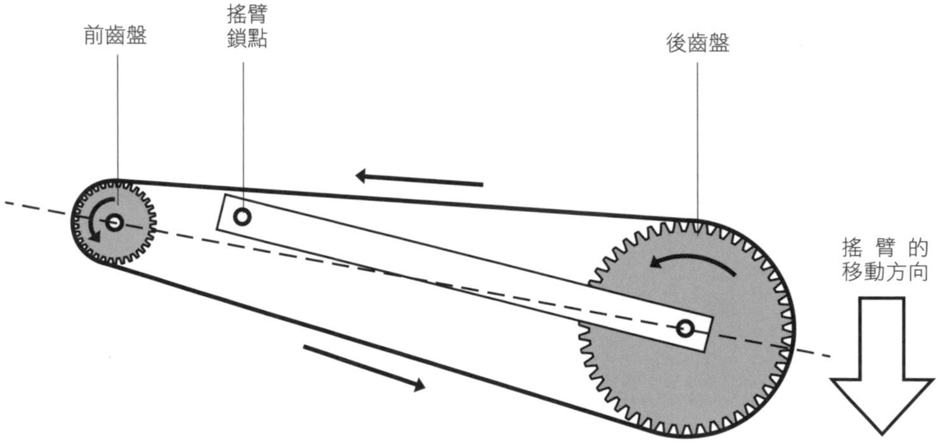

轉開油門時
後輪會往下壓的
「反下蹲角」設計

最近的超跑會在搖臂上方加裝塑膠或是橡膠做的滑塊。這是因為像上圖一樣，藉由移高搖臂鎖點的位置，產生讓後避震在加速時不會收縮的「反下蹲角」效果，加強後輪的抓地力和循跡力

第十四章　煞車和引擎煞車

（改變手指的操控方式，避免產生引擎煞車）

先不管會不會害怕或者是不是膽小鬼，初學者在剛開始騎摩托車時最容易陷入的恐懼應該就是不敢使用煞車吧。

但是在我剛開始騎車的時候，包含比賽用的廠車，所有摩托車都沒有現在這種強勁的制動力。

當時還是只有鼓式煞車的年代，除了下雨天地面濕滑的狀況以外，在柏油路上舉辦的公路賽中基本上不太可能會因為煞車讓前輪鎖死。比賽用的廠車就像大家所看到的一樣有著大口徑的鼓煞，兩邊的外殼挖了大大的冷卻孔，內部總共有四枚煞車來令片。

雖然雜誌報導上寫著光有手指頭輕輕點一下拉桿，就會有讓車身點頭停止的制動力，但實際上只有在起跑後第一個彎道有用，接下來就變成以握力決勝負了。為了想要讓制動力再好一點，我換上了 FERODO 的來令片，還有手工將表面的縫隙磨平等，做了一堆麻煩的事情，但卻沒有太大的差異。

剛好這個時期大家開始慢慢採用碟煞，雖然不像鼓煞一樣會因為高溫而失效，但是效果卻和鼓煞差不多，甚至更差。第一次參戰 WGP 的時候考量到保養的時間，我還是將煞車系統改造成碟煞的形式。之後市售比賽用車也馬上採用碟煞，依舊不會有前輪鎖死的風險。但是停不下來的恐怖就相當嚴重了，尤其是在第一次的公路賽上感覺更是恐怖。

前輪煞車會讓前輪產生可能會鎖死的風險，要等到 1980 年代的仿賽熱潮的全盛時期了。我也有過騎乘市售車在煞車時感到恐懼的經驗，並且學會了如何利用煞車來控制點頭問題的技巧，再加上公路車也開始採用原本越野車上才會使用的狗腿形狀、只需要一根手指頭就能操控的拉桿，所以主流就漸漸轉變成利用食指和中指來操作拉桿，並且從外側開始握住握把的方式。

雖然這種方式對於騎乘資歷較長的騎士來說可能會很難習慣，可是現在的煞車是以這種操控方式為前提所設計，易於操控又能避免車身突然地點頭，也有助於降低騎乘時的恐懼感。所以就算愛車有裝備 ABS，還是學習這種操控方式會比較好，畢竟不會恐懼才是最重要的事情。

至於引擎煞車的部分，我現役時代的引擎全部都還是二行程的關係，從高轉速中把油門完全關閉也不會有什麼問題。因此當大型重機全部變成現在主流的四行程引擎，所產生的引擎煞車也讓我在有段時期很困擾。

雖然說現在已經有加裝滑動式離合器的車款，可以減緩過度的引擎煞車效果，但是基本上退檔時還是要等到引擎轉速掉到低轉速域比較好。

對於初學者來說，引擎煞車可能是逃避煞車恐懼的一個方式，但是現在不管是比賽或是一般操駕，引擎煞車的效果越低越容易駕馭摩托車，確實掌握利用拉桿來煞車的技巧會更加安心，讓自己習慣用前煞減速是最重要的事情。

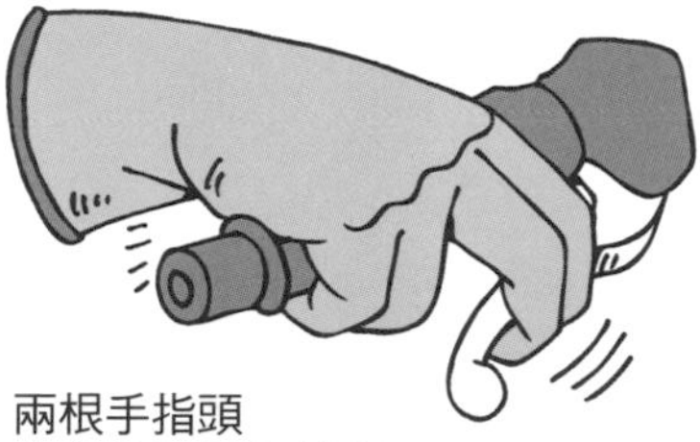

兩根手指頭
由上往下壓著拉桿
並且往回扣動

操作拉桿的訣竅是用食指和中指由上往下輕輕地壓著拉桿，然後滑動手指將拉桿往回扣，雖然感覺上好像沒辦法施力，但事實上這個方式所產生的力量最強，也才能精細地控制釋放煞車的力道

以外側兩根手指頭
當作支點
握住握把

讓無名指和小指握住握把，並以此為之點來扣動拉桿。如果用大拇指根部當作支點的話無法順利調整控制力道，利用外側兩根手指頭來握住握把除了不容易產生疲勞，又能提升安心感

第十五章

雜誌的試乘單元讓我對GP廠車的易操駕性感到驚愕 市售量販車也追隨同樣的主題

（追求讓人類的感性更容易熟悉的摩托車）

當輪胎廠商不再贊助征戰 WGP 的活動經費後（因為汽車輪胎大規模召回的關係，進而退出摩托車市場），我還是為了在歐洲學習兼摸索而多待了一個賽季，但是當和朋友一同製作的《RIDERS CLUB》即將要以月刊的形式創刊，我就決定要回日本貢獻至今為止學過的知識。

如果要問我當時的心境，我雖然喜歡比賽，但是求勝的慾望卻不強烈，只是覺得騎車很愉快，可以集中精神浸淫在比賽活動中也相當舒服，這點在我心中越來越明確。

而且發現在 WGP 中害怕不是件丟臉的事情，大家都在追求安全的操控方式和廠車的設定對我來說也是最大的收穫。也就是說我終於在世界的頂尖賽事中發現一直以來到底在追求什麼。

不過我依舊無法改變自己是膽小鬼這件事情，就某種層面看來這也算是件了不起的事情。

在 WGP 中從騎乘風格、引擎設定到反下蹲角的設定等一步一步循序漸進地了解狀況後，雖然偶爾我也會覺得膽小鬼的問題是不是慢慢解決了，但是每次產生新的課題，我都是想著該如何讓自己「不要恐懼」地操駕，「恐懼」的本質隨著我每次的進步而徐徐地轉變，但是身為膽小鬼的個性倒是沒有任何改變。

擔任《RIDERS CLUB》的總編後，一開始經手的專題是 WGP 的廠車試乘，我活用之前在 WGP 現場與各廠隊間經營的人脈來獲得提案機會，將 GP 廠車的實際開發狀況傳達給車主，並且以讓讀者們可以更正確地理解越來越高性能化的超跑才是安全享受騎乘樂趣的最佳手段為核心思想，成功地說服車廠，得以揭開最高機密的廠車面紗，從 YAMAHA 開始、HONDA、SUZUKI、最後連 KAWASAKI 都願意讓我主筆廠車的試乘報告。

實際試乘過後有著超乎我想像的戲劇性結果。YAMAHA 讓我試乘的是 YZR500（OW70），最一開始是因應 Kenny Roberts 的要求而開發全新的 V4 引擎，但是以動力性能為最優先的開發概念，搭配超寬的輪胎，就連 Kenny 都無法順利駕馭。這台 YZR500 就是反省過後的結論，全部著重在易於操駕的過渡特性，所以整台車有著清晰且容易理解的特性，簡直就像是一台休旅騎乘用的車款，這樣比喻可能有點極端，但是跨坐上車後馬上就能熟悉車身的各種反應，並且沉浸在感動之中，讓我不自覺地想用這種形容方式。而且開發這台 YZR500 的工程師竟然直接沿用同樣的概念來打造二行程超跑 TZR250，間接展示了未來超跑的目標方向，讓我受到極大的衝擊。

接下來試乘的是 YAMAHA 最大的對手、Freddie Spencer 從 King Roberts 手中奪下王座的 NS500。HONDA 在回歸 WGP 時所投入的廠車 NR500 採用的是四行程的引擎，使用 V4 橢圓型活塞 32 汽門，雖然是前所未有的挑戰，但是卻沒辦法攻破二行程的城門，因此也決定轉向二行程車款。但是當時 HONDA 在二行程上只有開發越野車的經驗，最終還是只能將引擎開發交給越野車的工程師，為了讓缸徑和行程有著最佳的設定，竟然誕生出 V 型三缸的特異車款。實際騎乘後感覺幾乎沒什麼動力，但是小型的車身有著輕快的運動性能，一瞬間就習慣了，像我這種膽小鬼也能馬上在彎道中油門全開，為此我還刻意詢問是不是特別為我調整過設定，他們說有增加了一點安全操駕的空間，但整體上沒有太大的差異。詳細採訪後，工程師們偷偷告訴我，當時的 WGP 中只有兩個賽道有著特別長的直線加速區域，就算動力不敵四缸車，但是強化過彎性能的話也還是有機會取勝。這和我剛開始比賽時不得已而為之的思考方式極為相似，讓我吃了一驚。

「現在的 WGP 比起馬力競賽，反而會優先專注在讓騎士的感性更容易熟悉廠車的過渡特性，根本先生是傳達這個事實給車友們的不二人選。」做雜誌得到這種評價對我來說真的意義非凡。

在當時歐美車廠的情報在日本國內極為稀少，為此我們也頻繁地到海外取材。例如前文所提及、WGP 初登場的比利時站讓我產生心理陰影的 DUCATI，能否發揮性能要靠騎士的技術，利用後輪循跡力讓車身穩定的前提下，讓切入時的運動性幾乎和單缸一樣的ㄏ型雙缸引擎展現出該有的靈敏度，對我來說會感到不安的銳利動作其實是 DUCATI 才有的優勢，當時因為經驗尚淺所以無法體會。可是一旦知道箇中原因後，對於 Mike Hailwood 上演的復仇劇、一腳踢開所有日本製四缸車款的傳奇就能接受了。只要注意後輪來進行操駕就可以衍生出許多可能性，濃烈的趣味性令人感動不已，而且再加上輻射胎的登場，提供穩定性和高度自由的操控性，讓經驗尚淺的騎士也能雨露均霑。

BIMOTA 是個會在 WGP 的集車場切開車架然後重新焊接的特殊車廠，因為在裡頭有朋友的關係，他們也完全開放讓我採訪。DB1 在當時是第一台顛覆了只有中量級的車款才會拿來享受山路樂趣這項常識的大型重機，不以性能為優先，反而把隨心所欲地操駕當作研發課題，開發成本甚至可以媲美 GP 廠車。最令人感動的是 BIMOTA 不願意妥協的態度，依舊貫徹精緻的車身設計理念。在事前測試的時候甚至會邀我到義大利，詳細向我傳授車身設計，這份恩情至今難以忘懷。

BMW 在曾經檢討過到底要不要全面撤出摩托車市場，但是之後決定還是要積極挑戰摩托車開發的時候也曾經好幾次邀請我到德國的總公司，知道他們在極為嚴苛的條件下反覆測試，並且花了難以置信的時間和距離進行雙載騎乘後，我也變成他們家的車主，並且再度迷上騎乘旅遊，是一間對我的重機人生有極大影響的車廠。休旅騎乘也有許多奧妙的知識，這些都需仰賴長年的經驗。

日本車廠也從只注重將 WGP 廠車的外觀回饋到市售車的時代，轉變成如何將更容易操駕、也就是可以不會害怕地騎乘的技術具體下放到量產車上。引擎的設計除了易於操駕的過渡特性之外，也大幅改變車身結構設計中最重要的軸配置，進化成如何有著正確自然的轉向特性、同時又讓騎士得以輕巧地駕馭，現在連點火間隔都已經變得和廠車一樣，利用點火的脈動引導出循跡力，讓輪胎更容易咬住地面，包含反下蹲角的設定，甚至推出了許多強化循跡力的車款，工程師們開始聚焦在如何讓騎士能更自在地享受操控摩托車的樂趣，而非只專注在速度帶來的刺激感。

因為我自己喜歡比賽的關係，曾經騎著 HONDA CB 參加鈴鹿八耐的比賽，並且以 DUCATI PANTAH 600 達成義大利車第一次完賽的紀錄，或是和已經退役的平忠彥騎著 YAMAHA TRX850 實踐大人的摩托車樂趣，並且把過程刊載在雜誌上，1987 年以 HONDA NR 參戰利曼賽事更是無法忘懷的回憶。

沒辦法在 WGP 中以橢圓型活塞獲勝的 NR 在之後並沒有停下開發的腳步，HONDA 為了將其市售化，第一步就是讓三位有比賽經驗的摩托車記者參戰利曼 24 小時耐久賽，對於日本人的我來說可以算是一場榮譽之戰，而且還是用參加 DAYTONA 直線加速賽的原型車款為基礎，從研發車架和引擎的階段就開始參與的特別企劃。

前一年在鈴鹿賽道上第一次測試原型車款的時候，彷彿單缸引擎般的中速域爆發力在大直線上瞬間超過時速已經 300km/h 的 NSR500，V4 才有的高轉速性能讓我腦袋陷入了混亂。

那麼該如何在 24 小時的長期抗戰中讓身為膽小鬼的我也能持續操駕呢？最

優先的當然是利用中速域時的強勁循跡力來提升迴旋力，還有在轉開油門時不需要繃緊神經的特性，這就是 WGP 所傳授的重視降低操駕風險、並且可以樂在其中的操控性。

引擎的過渡特性當然非常重要，可是考量到夜間一定會下雨的關係，中速域的操控性和抓地力就相當重要，還要可以安心地轉開油門發揮橢圓型活塞的潛力，那麼最佳的做法就是調整反下蹲角的設定。可是大幅增加反下蹲角的設定時，車尾上升的量也會變大，從工程師的角度來看，摩托車在加速時好像會有一瞬間停留在原地，留下一股不合理的抵抗感，但是我以在騎乘時騎士的臀部有被座墊頂起的感覺，再加上後輪被擠壓後牢牢咬住地面所產生的信賴感，成功地說服工程師，最後車輛被打造成在小彎道全速出彎擺正時車尾會有如軸傳動車款一般向上浮舉的感覺。

比賽時雖然因為機械故障的關係在前期就退場了，很遺憾地沒有留下好結果，但是 HONDA 隨後舉辦了試乘會，和獲得優勝的 RVF750 同時做比較，結果每個人都異口同聲地對可以安心操駕的ZR讚不絕口。自此更加深我對追求不會恐懼的操駕方式是朝著正確道路邁進的自信。

上：和平忠彥一起騎著 TRX850 挑戰鈴鹿八耐

左：經過試乘得知 NS500 捨棄直線加速性能，專攻過彎特性

WGP 的技術直接反映到市售車上，許多易於操控的車款陸續誕生

仿賽風潮的全盛時期終於讓 RC30 誕生！

GP 廠車開始進入注重符合人類感性的時代，毫不妥協專注在操控性上的 BIMOTA 令人驚艷

原本著重在加速性能的 DUCATI 也開始採用輻射胎，來到了誰都可以親近的領域。最新車款的磨練痕跡總是讓人感動

騎到許多永不妥協追求操控性的車款令人感到愉悅

比起馬力競爭更著重在操控性的油冷 GSX-R 追求自然轉向的特性，有著獨樹一格的個性

第十六章　在DAYTONA認識了許多就算年齡增長也不放棄騎乘樂趣的朋友

（越老越愛騎，但是不能缺少長久騎車必須的覺悟）

我回到像剛開始騎摩托車的時候一樣，每一天都沉浸在騎乘旅遊的樂趣中，但另一方面也喜歡比賽，但卻不是為了什麼都想贏的求勝心，而是在 WGP 時了解到自己純粹喜歡操駕的樂趣，想要重返賽道的心情也逐漸開始萌芽。在這個時候，剛好幸運地有機會騎著 CB750 Four 參加美國古董車比賽公會 AHRMA（American Historic Racing Motorcycle Association）在加州舉辦的古董車大賽。

雖然是第一次參加美國舉辦的比賽，但比起這點，讓我更感震驚的是有許多超過 60 歲以上的騎士，甚至還有最高年齡 80 歲的參賽者。一起在賽道上行駛的時候吃驚地發現他竟然還相當地認真。儘管如此，卻沒有出現接連轉倒的場面，大家都用著纖細的技巧在操控古董車，沒有人轉倒。才剛過 50 歲的我還被當成小孩子，在日本時因為年齡的關係，不曉得未來的重機人生該何去何從，在這邊卻被一口氣解決了。日本人騎著日本車感覺上一定有受到車廠的特別援助，由於不喜歡這種感覺，我後來換成 Moto Guzzi 的舊款 V7 連續 15 年參戰速度最快的 Formula750 級別，也曾經得過幾次冠軍。

只不過 DAYTONA 有著傾斜三十度且容易打滑的彎道，有著不輸給 WGP 時的恐懼感。但是因為每年練習的關係，速度也還是漸漸提升上來。就在此時，在我還是 KAWASAKI 廠隊騎士時的偶像、騎著 CB750 的 DAYTONA 常勝軍 Gary Nixon 把我叫住，並且告誡說：「年紀越來越大後，只要一摔車，周圍的親朋好友們就會開始反對騎車，所以如果想要一輩子享受摩托車的樂趣，就不能輸給一瞬間的誘惑，這是為了明年、後年、甚至是更久的將來都能持續待在摩托車上。」說得沒錯，可能是因為習慣的關係，讓我漸漸淡忘 WGP 時的教訓。我將這句話牢牢記在心上，自那時起不管在比賽或是騎乘旅遊都不忘提醒自己在操駕時不要超過享受樂趣的範圍。

看到這裡，可能沒有必要再強調一次，害怕和恐懼才是不斷進步、永遠享受騎乘樂趣的秘訣，如果害怕的話就用著可以安心的速度行駛，遇到在意的問題時可以試著想看看我的觀點，一定可以慢慢提升操駕技巧。

不可否認，摩托車的刺激性有著難以抗拒的魅力，但正因為如此，更不能輸給速度的誘惑，學習迴避風險，長久騎乘享受摩托車的樂趣吧。

以 1972 年款的 Moto Guzzi V7 連續 15 年追求易於操控的特性和動力性能。學習成熟大人該具備的享樂方式、了解永久騎車的重要性，這些都是在美國比賽時所得到的寶貴經驗

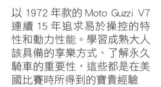

重機超跑操駕技巧的私房秘訣盡在此處

TOP RIDER 流行騎士 大手

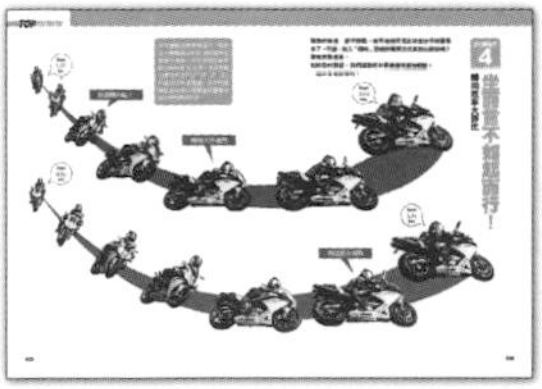

重機操控升級計劃

作者：流行騎士編輯部 / 編
定價：350 元

看別人騎大型重機殺彎帥氣無比，自己騎乘時總覺得哪裡不對勁？跟著流行騎士系列叢書《重機操控升級計畫》從騎姿選擇、轉向操作、磨膝過彎到克服右彎一步步提升操控技巧，享受騎乘的樂趣吧！

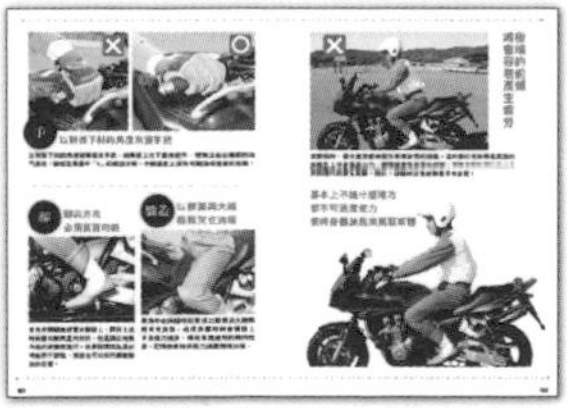

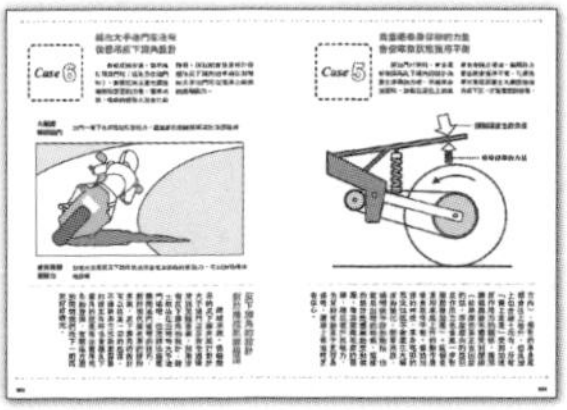

大人的騎乘學堂

作者：流行騎士編輯部 / 編
定價：350 元

摩托車的機械構造與駕馭技巧息息相關，唯有通曉其原理才能發揮性能。本書精心整理 13 項騎乘課題，交叉講解科學原理與應用技巧，讓你一次就開竅。特別附錄街車騎乘道場，上場親身體會才是提升技術的正道！

TOP RIDER 流行騎士 菁華出版社

訂閱辦法

郵政劃撥 劃撥戶名：菁華出版社 劃撥帳號：11558748

銀行電匯 TEL：(02)2703-6108#230 FAX：(02)2701-4807
匯款帳號：(銀行代碼 007) 165-10-065688

重機出遊解惑的精華集錦

重車旅遊叢書

自由自在的重機騎旅秘笈

作者：流行騎士編輯部／編
定價：350 元

對獨自一人騎重機出遠門感到既嚮往又不安嗎？讓《重機騎旅秘笈》來為你敞開大道吧！無論是獨自旅遊的行程安排、時間節奏控管的疑慮、道路車況問題的處理、身體疲勞痠痛的消解…各種疑難雜症，本書都能幫助你輕鬆克服！

▶▶ 立即掃描QR CODE ◀◀
進入《流行騎士》Facebook粉絲專頁

TOP RIDER 流行騎士

大型二輪騎乘旅遊的疑難雜症詳盡解答

TOP RIDER 流行騎士 大手

重車旅遊樂活指南

作者：流行騎士編輯部 / 編
定價：380 元

某一天，突然非常想要騎上機車出門。對日常的光景已感到麻痺，想見識一下不一樣的風景。隨性所至，跟著愛車一同駛向遠方吧！親身體驗「不設限」的重機之旅，跟著自己的GPS 前進；掌握重機出遊重點，一路順暢無窒礙；簡單的飲食運動保健妙招，讓重機人生長長久久。或許哪一天，自己又將隨性所至，騎著愛車，朝著未知的方向前進。

重機旅遊實用技巧

作者：枻出版社 Riders Club Mook 編輯部
定價：350 元

只要有摩托車、駕照以及安全帽的話，任誰都可以享受騎乘的樂趣，不過光只有這些其實就只是多個交通方式可以選擇罷了。只要學會簡單又容易上手的「技巧」，就可以讓旅遊騎乘更加舒適、安全而且樂趣倍增喔！

TOP RIDER 流行騎士 菁華出版社

訂閱辦法

郵政劃撥　劃撥戶名：菁華出版社　劃撥帳號：11558748

銀行電匯　TEL：(02)2703-6108#230 FAX：(02)2701-4807

匯款帳號：(銀行代碼 007) 165-10-065688

越是「膽小」越會騎

原著書名：オートバイ乗りは"怖がり"ほどうまくなる
原出版社：枻出版社 EI Publishing Co., Ltd.
作　　者：根本健
譯　　者：倪世峰
文字編輯：林建勳
美術編輯：張惠如、區松鈞

發 行 人：王淑媚
社　　長：陳又新
出版發行：菁華出版社
地　　址：台北市 106 延吉街 233 巷 3 號 6 樓
電　　話：(02)2703-6108
發 行 部：黃清泰
訂購電話：(02)2703-6108#230
劃撥帳號：11558748

印　　刷：科樂印刷事業股份有限公司
(02)2223-5783
http://www.kolor.com.tw/site/

定　　價：新台幣 360 元
版　　次：2018 年 7 月初版

ISBN：978-986-96078-2-7
Printed in Taiwan

TOP RIDER

流行騎士系列叢書